Nieren und ableitende Harnwege

VCH

Anatomie und Physiologie des Menschen

15 Lehrprogramme

1. Die Zelle
2. Das Skelett
3. Die Muskulatur
4. Herz und Kreislaufsystem
5. Das Abwehrsystem
6. Das Atmungssystem
7. Die Verdauungsorgane
8. Nieren und ableitende Harnwege
9. Die Fortpflanzungsorgane
10. Die Fortpflanzung des Menschen
11. Das Endokrinsystem
12. Ernährung und Stoffwechselsystem
13. Das Nervensystem
14. Die Sinnesorgane
15. Die Haut

Vertrieb:
VCH, Postfach 101161, D-6940 Weinheim (Bundesrepublik Deutschland)
Schweiz: VCH Verlags-AG, Postfach, CH-4020 Basel (Schweiz)
United Kingdom und Irland: VCH Publishers (UK) Ltd., 8 Wellington Court, Wellington Street, Cambridge CB1 1HZ (England)
USA und Kanada: VCH Publishers, Suite 909, 220 East 23rd Street, New York NY 10010-4606 (USA)

ISBN 3-527-25737-3

Band 8

Nieren und ableitende Harnwege

David F. Culclasure

VCH

Original English language published by
Prentice-Hall, Inc., Englewood Cliffs, New Jersey, USA

Dieser Band wurde übersetzt von Dr. W. Puhl, Heidelberg

1. Auflage 1970
   1. Nachdruck 1976
2., verbesserte Auflage 1977
   Bearbeitung: Prof. Dr. H. Seller und Prof. Dr. W. Kriz
   1. Nachdruck 1991

CIP-Kurztitelaufnahme der Deutschen Bibliothek

Culclasure, David F.:
Anatomie und Physiologie des Menschen:
15 Lehrprogramme
Weinheim, New York, Basel, Cambridge: VCH
Einheitssacht.: A programmed approach to anatomy
und physiology (dt.)
Teilw. mit d. Verl.-Angabe Verl. Chemie, Weinheim,
New York. -
ISBN 3-527-26243-1
ISBN 3-527-25711-X (gültig für d. 1. Aufl.)
ISBN 3-527-25730-6 (gültig für d. 2. Aufl.)
Bd. 8. Nieren und ableitende Harnwege
2., verb. Aufl. 1977.
Bearb.: H. Seller, W. Kriz
ISBN 3-527-25737-3

NE: Seller, Horst (Bearb.)

Satz und Druck: Schwetzinger City-Druck, D-6830 Schwetzingen
Buchbinder: Aloys Gräf, D-6900 Heidelberg
Printed in the Federal Republic of Germany

Inhaltsverzeichnis

Einführung in das Programm

Das im vorliegenden Heft behandelte Thema ist anders als in üblichen Lehrbüchern dargestellt. Statt Sie, den Lernenden, mit einer Unmenge von Material zu konfrontieren, das Sie – um rationell lernen zu können – erst ordnen müssen, ist dieser Text so aufgebaut, daß er zugleich als Lehrmeister fungiert. Das Hauptthema ist in kleine logische Lernschritte aufgeteilt, deren Aufeinanderfolge Ihrem individuellen Lernbedarf angepaßt ist. Zeigen Sie sich nämlich mit einem vorgegebenen Thema vertraut, haben Sie automatisch Zugang zu weiterem Lehrstoff. Können Sie andererseits aus der in einem Lernschritt oder einer Themenfolge gegebenen Information keine klare Konzeption erarbeiten, wird Ihnen zusätzliches Material zugewiesen, das die Beherrschung des betreffenden Gegenstandes erleichtern und beschleunigen soll. Dieses Verfahren wird als innere Programmierung bezeichnet, wobei der von Ihnen zu bearbeitende Text das Programm darstellt. Die Bezeichnung „innere" rührt daher, daß in die Lernfolge verschiedene Optionen (Möglichkeiten zur eigenen Entscheidung) eingebaut sind, mit denen Sie selbst Ihren Fortschritt bestimmen können. Die Fragen, die Sie zu diesem Zwecke beantworten sollten, sind so angelegt, daß Ihr Verständnis in den jeweils wichtigsten Punkten geprüft wird.

Zur Technik folgendes:

1. Sie, als der Lernende, werden mit einer einzelnen, in sich geschlossenen Information oder mit einem Konzept konfrontiert, das Sie beherrschen müssen (das ist dann ein Lernschritt).

2. Nachdem Sie Gelegenheit hatten, die Information aufzunehmen, wird durch Fragen festgestellt, ob Sie sie verstanden haben. Jeder Lernschritt endet mit einer Auswahl themenbezogener Fragen, denen Antwortmöglichkeiten zugeordnet sind, die ihrerseits mit einer Seitenangabe versehen sind. Nachdem Sie sich für eine bestimmte Antwort entschieden haben, fahren Sie auf der angegebenen Seite fort.

3. War Ihre Antwort richtig, so wird Ihnen das auf der betreffenden Seite bestätigt, worauf Ihnen dann der Stoff des nächsten Lernschritts angeboten wird. Wählten Sie jedoch eine falsche Antwort, so wird Ihnen auf der angegebenen Seite entweder zusätzliche Information mitgeteilt, oder Sie werden auf die Seite zurückverwiesen, von der Sie ausgingen, oder aber Sie werden zu weiteren Hilfsmitteln hingeführt.

4. Das Programm ist so angeordnet, daß Sie nur dann Zugang zu neuen Informationen, Ideen oder Konzepten haben, wenn Sie den vorhergehenden Lehrstoff wirklich beherrschen; dadurch wird sichergestellt, daß Sie sich den Text wirklich angeeignet und ihn nicht nur gelesen haben.

Sie werden beim Lernen mit diesem programmierten Text den Eindruck gewinnen, mit einem Privatlehrer zu arbeiten. Sie erhalten Informationen in kurzer klarer Form, werden über Ihr Verständnis des Gelernten befragt und erhalten – wenn nötig – zusätzlichen erklärenden Lehrstoff. Sie werden selbst einsehen, daß somit die Schnelligkeit Ihres Lernfortschritts von Ihrer Fähigkeit abhängt, auf die Fragen richtig zu antworten, was wiederum davon abhängt, wie gut Sie das in jedem Lernschritt gebotene Material lernen.

Eingangstest

Ehe Sie mit dem ersten Lernschritt des Programms beginnen, nehmen Sie sich bitte die Zeit, den Eingangstest zu bearbeiten. Das Ergebnis wird Ihnen zeigen, wieviel Sie von der Anatomie und Physiologie der Nieren und der ableitenden Harnwege bereits wissen, und ein späterer Vergleich mit dem Ergebnis des Abschlußtests wird Ihnen die Möglichkeit geben, den Erfolg Ihres Studiums selbst zu beurteilen. Die richtigen Antworten zum Test finden Sie am Ende des Heftes. Bewahren Sie das Testergebnis gut auf, damit Sie einen Vergleich mit dem am Schluß des Programms geforderten Abschlußtest durchführen können. Benutzen Sie für Ihre Antworten leere Einlegeblätter.

1. Welche der folgenden Funktionen ist die wichtigste des Harnsystems?

   a) Unterstützung des Stoffwechsels
   b) Aufrechterhaltung des Gleichgewichts der Körperfunktionen (Homöostase)
   c) Fortpflanzung
   d) Aufrechterhaltung des hormonellen Gleichgewichts

2. Welche der folgenden Strukturen stellt eine Ausweitung des Ureters zur Sammlung des von der Niere gebildeten Urins dar?

   a) Nierenhilus
   b) Nierenbecken
   c) Nierenmark
   d) keine der genannten Strukturen

3. In welchem der folgenden Bereiche der Niere befinden sich die Nierenpyramiden?

   a) Nierenrinde
   b) Nierenmark
   c) seitlicher konvexer Nierenrand
   d) konkave mediale Nierenoberfläche

4. In welchen der folgenden Bereiche entleeren die Sammelrohre den Urin?

   a) Hilus
   b) Kelche
   c) Harnblase
   d) in keinen der genannten Bereiche

5. Was wird als funktionelle Einheit der Niere bezeichnet?

a) Glomerulus
b) Nierentubulus
c) *Henle*sche Schleife
d) Nephron

6. Welches Gefäß transportiert das Blut vom Nierenkörperchen weg?

a) zuführende Arteriole (Vas afferens)
b) abführende Arteriole (Vas efferens)
c) zuführende Vene (Venula afferens)
d) abführende Vene (Venula efferens)

7. Wieviel Urin wird bei normaler Funktion von den Nieren eines Erwachsenen während 24 Stunden produziert?

a) 1 Liter oder weniger
b) 1 – 2 Liter
c) 2 – 3 Liter
d) 3 – 4 Liter

8. Welche Kräfte wirken im Glomerulus der glomerulären Filtration entgegen?

a) glomerulärer Druck
b) kapsulärer Druck
c) kolloidosmotischer Druck
d) kapsulärer und kolloidosmotischer Druck

9. Welcher der folgenden Faktoren verhindert, daß bei der glomerulären Filtration Bluteiweißkörper, wie z. B. Globuline, den *Bowman*schen Kapselraum erreichen?

a) die Undurchdringlichkeit der Glomerulusmembran für solche Moleküle
b) der kolloidosmotische Druck
c) der passive Charakter dieses Transportmechanismus
d) keiner der genannten Faktoren

10. Wieviel Prozent des glomerulären Filtrates (Primärharn), das in den Nierenkörperchen produziert wurde, verläßt schließlich das Nierenbecken als Urin?

    a) weniger als 1%
    b) 5 – 10%
    c) 10 – 20%
    d) 20% und mehr

11. Welcher Stoff wird in den Zellen des distalen Nierentubulus sezerniert und hilft das normale Säure-Basen-Gleichgewicht aufrechtzuerhalten?

    a) Hydrogencarbonat-Ionen
    b) Kreatinin
    c) Wasserstoff-Ionen
    d) Kalium

12. Was bedeutet ein pH-Wert von 7?

    a) die Flüssigkeit ist sauer
    b) die Flüssigkeit ist alkalisch
    c) die Flüssigkeit ist basisch
    d) die Flüssigkeit ist neutral

13. Wie wirkt sich die Sekretion von Wasserstoff-Ionen durch die distalen Tubuluszellen auf das Blut aus?

    a) der pH-Wert des Blutes steigt an
    b) der pH-Wert des Blutes wird gesenkt
    c) das zirkulierende Blutvolumen wird stark vermindert
    d) keine Auswirkungen

14. Welcher der folgenden Vorgänge wird von den Tubuluszellen vollbracht?

    a) aktiver Transport von Wasser zu den peritubulären Kapillaren
    b) Sekretion von Wasserstoff-Ionen und stickstoffhaltigen Nebenprodukten des Stoffwechsels in den Tubulus
    c) passiver Transport von Wasser zu den peritubulären Kapillaren
    d) keine der oben genannten Funktionen

15. Welches Hormon der Neurohypophyse beeinflußt die Wasserrückresorption in den distalen Rubuli und in den Sammelrohren?

    a) ACTH
    b) DNS
    c) RNS
    d) ADH

16. Welche ungefähre Urinmenge wird innerhalb von 24 Std. von beiden gesunden Nieren zusammen produziert?

a) 500 ml
b) 1000 ml
c) 1500 ml
d) 2000 ml

17. Was ist der Hauptbestandteil des Urins?

a) Stoffwechselschlacken
b) Wasser
c) gelöste Substanzen
d) Kolloide

18. Welches ist der wichtigste Faktor für den Transport des Urins vom Nierenbecken zur Harnblase?

a) Schwerkraft
b) peristaltische Bewegungen der Muskeln der Ureterwand
c) Kontraktion des Nierenkörpers
d) von der Harnblase ausgehender Sog

19. Wieviel Urin kann eine normale Harnblase eines Erwachsenen fassen?

a) 500 ml
b) 1000 ml
c) 2000 ml
d) 3000 ml

20. In welchen Teil der Harnröhre münden die Ductus ejaculatorii?

a) Pars prostatica
b) Pars membranacea
c) Pars cavernosa
d) die Ductus ejaculatorii münden nicht in die Harnröhre

21. Welches ist das wichtigste Ausscheidungsprodukt, das im frisch gelassenen Urin gefunden wird?

a) Harnstoff
b) Kreatinin
c) Albumin
d) Natriumchlorid

22. Der Blutkreislauf des Körpers steht mit dem Nephron in Verbindung über:

a) Glomerulus c) Nierenpapillen

b) Nierenpyramiden d) Nierenkelche

23. Wohin fließt der Urin vom Nierenbecken aus?

a) zum Glomerulus c) in die *Henle*sche Schleife

b) in die Kelche d) über die Harnleiter zur Harnblase

24. Wie oft durchfließt die gesamte Blutmenge des Körpers in 24 Stunden die Nieren?

a) etwa 25mal c) etwa 75mal

b) etwa 50mal d) etwa 300mal

25. Welche der folgenden Funktionen gehört nicht zur Urinbildung?

a) glomeruläre Filtration c) tubuläre Sekretion

b) tubuläre Rückresorption d) Adrenalinsekretion

26. Das Harnsystem besteht aus . . Harnblase . . . ., . . Harnröhre . ., . . Nieren . . . . . . und . . . . Harnleitern . .

27. Der von den Nieren sezernierte Urin gelangt in das Nierenbecken und wird in den . . Harnleitern . . . . . zur Harnblase befördert, wo er gesammelt wird, bis er durch die . . Harnröhre . . . . . ausgeschieden wird.

28. Eine . . Nebenniere . . befindet sich auf der oberen Kuppe der Niere.

29. Die . . rechte . . . . . . Niere liegt etwas tiefer als die der Gegenseite.

30. Die Nierenarterie, Nierenvene, Lymphgefäße und Nerven erreichen und verlassen die Nieren am . . . Hilus . . . . . .

31. Beim Schnitt durch die Niere sind zwei verschiedene Bereiche zu sehen. Ein innerer dunklerer, der . Nierenmark . . . . genannt wird, und ein äußerer hellerer, der . Nierenrinde . . heißt.

32. Das . . . . besteht aus mehreren Nierenpyramiden.

33. Die Öffnungen der Sammelrohre entleeren Urin in die . . . .

34. Jedes Nephron besteht aus einem Nieren-. . . . . und einem . . . .-System.

35. Der Vorgang der Urinbildung schließt drei verschiedene Funktionen ein:

. . . .

. . . .

. . . .

36. Der erste Schritt der Urinbildung findet in den . . . . statt.

37. Der hydrostatische Druck stellt eine Kraft dar, die sowohl . . . . als auch . . . . durch eine semipermeable Membran pressen kann.

38. Die Menge des glomerulären Filtrates pro Zeiteinheit hängt direkt ab von der Höhe des . . . .-druckes, der seinerseits durch Faktoren wie wechselnde Weite der Arteriolen der Niere, allgemeiner Blutdruck und Eiweißkonzentration im Blut reguliert wird.

39. Der glomeruläre hydrostatische Druck wird durch Faktoren wie Weite der afferenten und efferenten . . . ., und . . . .-Konzentration im Blut reguliert.

40. Stoffe wie Globuline und Fibrinogen werden normalerweise durch . . . . daran gehindert, in den *Bowman*schen Kapselraum zu gelangen.

41. . . . . Transport findet bei der Rückresorption von Substanzen wie Glucose und Natrium-Ionen durch die Tubuli statt.

42. . . . . Transport findet bei der Rückresorption von Wasser durch die Tubuli statt.

43. Um das physiologische Säure-Basen-Gleichgewicht aufrechtzuerhalten, sezernieren die Zellen der distalen Nierentubuli große Mengen von . . . .-Ionen.

44. Der Ausdruck Säure-Basen-Gleichgewicht bezieht sich auf die Aufrechterhaltung einer entsprechenden . . . . Konzentration in den Körperflüssigkeiten.

45. Das Symbol . . . . kennzeichnet den sauren oder alkalischen Charakter einer Lösung.

46. Ein Wert von . . . . auf der Skala der sauren und alkalischen Lösungen zeigt Neutralität an.

47. Ein Wert von . . . . zeigt eine alkalische Lösung an.

48. Ein Wert von . . . . zeigt eine saure Lösung an.

49. Drei Wege werden vom Körper beschritten, um das physiologische Säure-Basen-Gleichgewicht des Blutes aufrechtzuerhalten:

. . . .

. . . .

. . . .

50. Durch die Sekretion von Wasserstoff-Ionen durch die Tubuluszellen wird das Blut . . . . , indem der Urin . . . . wird.

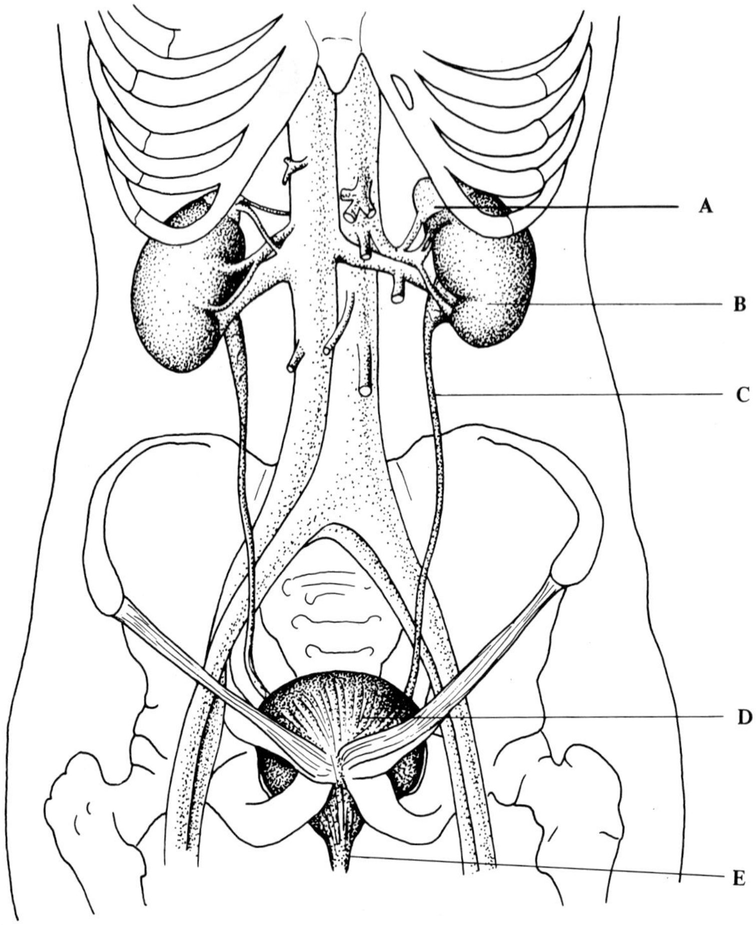

51. Nennen Sie das Gebilde, das in der Zeichnung der Nieren und ableitenden Harnwege mit A bezeichnet ist. . . . .

52. Nennen Sie das Gebilde, das in der Zeichnung der Nieren und ableitenden Harnwege mit B bezeichnet ist. . . . .

53. Nennen Sie das Gebilde, das in der Zeichnung der Nieren und ableitenden Harnwege mit C bezeichnet ist. . . . .

54. Nennen Sie das Gebilde, das in der Zeichnung der Nieren und ableitenden Harnwege mit D bezeichnet ist. . . . .

55. Nennen Sie das Gebilde, das in der Zeichnung der Nieren und ableitenden Harnwege mit E bezeichnet ist. . . . .

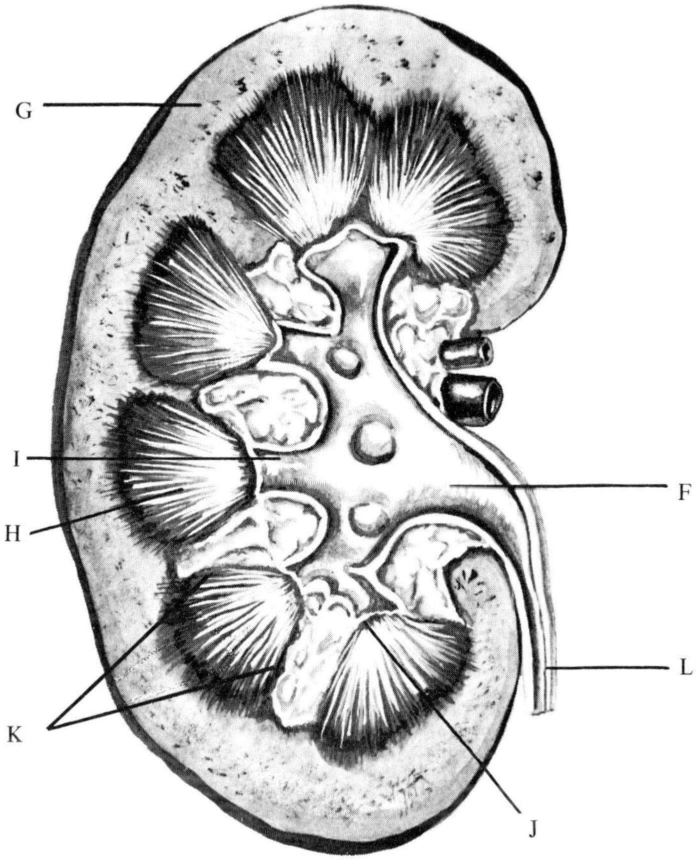

56. Welche Struktur befindet sich bei Punkt F der Zeichnung, die einen Längsschnitt einer Niere darstellt? ....

57. Welche Struktur befindet sich bei Punkt G der Zeichnung, die einen Längsschnitt einer Niere darstellt? ....

58. Welche Struktur befindet sich bei Punkt H der Zeichnung, die einen Längsschnitt einer Niere darstellt? ....

59. Welche Struktur befindet sich bei Punkt I der Zeichnung, die einen Längsschnitt einer Niere darstellt? ....

60. Welche Struktur befindet sich bei Punkt J der Zeichnung, die einen Längsschnitt einer Niere darstellt? ....

61. Welche Struktur befindet sich bei Punkt K der Zeichnung, die einen Längsschnitt einer Niere darstellt? ....

62. Welche Struktur befindet sich bei Punkt L der Zeichnung, die einen Längsschnitt einer Niere darstellt? ....

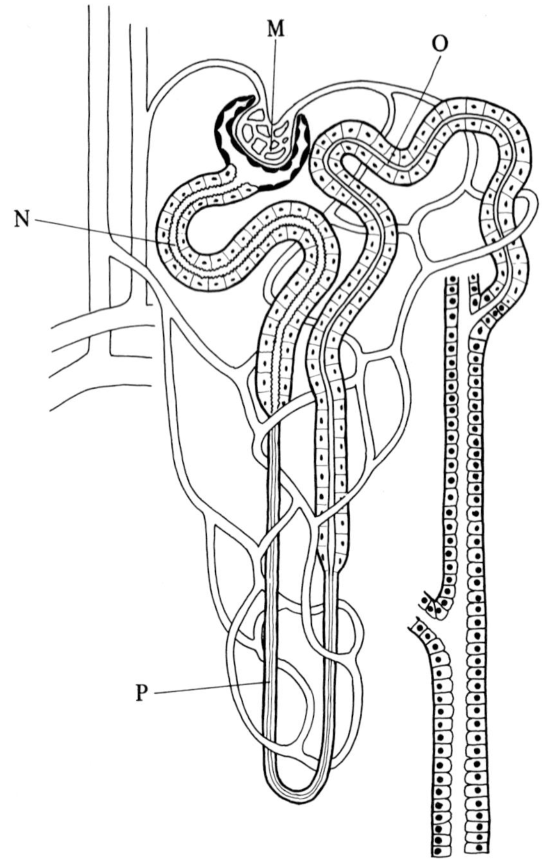

63. Nennen Sie das Gebilde bei Punkt M der Zeichnung, die ein vergrößertes Nephron zeigt.

....

64. Nennen Sie das Gebilde bei Punkt N der Zeichnung, die ein vergrößertes Nephron zeigt.

....

65. Nennen Sie das Gebilde bei Punkt O der Zeichnung, die ein vergrößertes Nephron zeigt.

....

66. Nennen Sie das Gebilde bei Punkt P der Zeichnung, die ein vergrößertes Nephron zeigt.

....

67. Die linke Niere liegt normalerweise etwas tiefer im Körper als die rechte.

richtig ☐ falsch ☒

68. Der Hilus stellt den Sammelteil der Niere dar.

richtig ☐ falsch ☒

69. Das Nierenbecken kann als der obere ausgeweitete Anteil des Ureters aufgefaßt werden.

richtig ☒ falsch ☐

70. Die Nierenpyramiden liegen in der Nierenrinde.

richtig ☐ falsch ☒

71. Durch die Öffnungen der Sammelrohre entleeren die Spitzen der Pyramiden Urin in die Kelche des Nierenbeckens.

richtig ☒ falsch ☐

72. Jede Niere enthält etwa 1 Million Nephrone.

richtig ☒ falsch ☐

73. Ein Nierenkörperchen besteht aus Glomerulus und *Bowman*scher Kapsel.

richtig ☐ falsch ☐

74. Der Glomerulus wird üblicherweise als die funktionelle Einheit der Niere angesehen.

richtig ☐ falsch ☐

75. Ein Nephron ist ein Knäuel von Kapillaren, die in der kelchartigen Vertiefung der *Bowman*schen Kapsel liegen.

richtig ☒ falsch ☐

76. Die *Bowman*sche Kapsel und der gewundene Anteil der Tubuli liegen im Nierenmark und geben ihm ein granuliertes Aussehen.

richtig ☐ falsch ☐

77. Die Nierenarterie tritt am Hilus in die Niere ein.

richtig ☒ falsch ☐

78. Flüssigkeit dringt aus dem gleichen Grunde vom Glomerulus in den *Bowman*schen Kapselraum, aus dem sie aus normalen Kapillaren in den interstitiellen Raum eintritt.

richtig ☐ falsch ☒

79. Der kolloidosmotische Druck ist größer, wenn das Plasma, das in die Glomeruli eintritt, eine große Zahl an Eiweißbestandteilen enthält.

richtig ☐ falsch ☐

80. Normalerweise beträgt der effektive Filtrationsdruck (oder der Druckgradient zwischen Glomeruluskapillaren und Kapselraum) etwa 20–27 mbar (ca. 15–20 mm Hg).

richtig ☐ falsch ☐

81. Die glomeruläre Filtration ist der physikalische Vorgang, bei dem Wasser und gelöste Stoffe die semipermeable Membran, welche die Wand der *Henle*schen Schleife bildet, durchdringen.

richtig ☐ falsch ☐

82. Die normale Glomerulusmembran ist undurchdringlich für Globuline, Fibrinogen und verwandte Bluteiweißkörper.

richtig ☐ falsch ☐

83. Die Bezeichnung Albuminurie beschreibt einen Zustand, bei dem bestimmte Eiweißmoleküle die Glomerulusmembran durchdringen können.

richtig ☐ falsch ☐

84. Die meisten Elektrolyte, Glucose, Aminosäuren und Eiweißkörper werden aus dem Primärharn (glomeruläres Filtrat) durch passive tubuläre Rückresorption (Diffusion) in das Blut zurückgenommen.

richtig ☐ falsch ☐

85. Die Zellen der Nierentubuli sezernieren bestimmte Stoffe wie Medikamente, Farbstoffe und Gifte in das glomeruläre Filtrat, wodurch diese Stoffe mit dem Urin ausgeschieden werden.

richtig ☒ falsch ☐

86. Glucose passiert den glomerulären Filter und erreicht die Tubuli über den *Bowman*schen Kapselraum.

richtig ☒ falsch ☐

87. Die Tubuluszellen sezernieren Hydrogencarbonat-Ionen und helfen so bei der Aufrechterhaltung des Säure-Basen-Gleichgewichts des Körpers.

richtig ☐ falsch ☒

88. Für die Einstellung des pH-Wertes hat die Sekretion von Ammoniak durch die distalen Tubuluszellen die gleiche Wirkung wie die der Sekretion von Wasserstoff-Ionen.

richtig ☐ falsch ☒

89. Werden Wasserstoff-Ionen oder Ammoniak von den Tubuluszellen sezerniert, so ersetzen sie Natrium-Ionen oder andere Ionen in Salzen, die sich im Primärharn befinden.

richtig ☒ falsch ☐

Ordnen Sie die Bezeichnungen in der linken Spalte der passenden Definition oder Beschreibung aus der rechten Spalte zu.

90. .... Säure
91. .... antidiuretisches Hormon
92. .... Base
93. .... Kelche
94. .... Dialyse
95. .... Glomerulus
96. .... Ion
97. .... Hilus
98. .... Nephron
99. .... Osmose
100. .... Ptosis

a) taschenartige Ausstülpungen im Bereich des Nierenbeckens

b) In der *Bowman*schen Kapsel liegendes Kapillarknäuel

c) Substanz, die Wasserstoff-Ionen abgibt

d) Vorgang, bei dem gelöste Kristalloide aufgrund ihrer unterschiedlichen Diffusionsgeschwindigkeit durch eine semipermeable Membran getrennt werden

e) Zustand, bei dem eine oder beide Nieren unter ihre normale Lage im Körper treten

f) mikroskopisch kleine, trichterförmige Struktur mit langem, gewundenem Stiel

g) elektrisch geladenes Atom oder Atomgruppe

h) Substanz, die Wasserstoff-Ionen aufnimmt

i) Hormon, das von der Neurohypophyse gebildet wird und bestimmt, wieviel Wasser aus dem Primärharn in das Blut zurückgenommen wird

j) Bestreben einer Flüssigkeit, durch eine semipermeable Membran in eine Lösung höherer Konzentration zu dringen, um so die Konzentrationen auf beiden Seiten der Membran auszugleichen

k) dünner Schlauch, der den Urin vom Nierenhilus zur Harnblase befördert

l) konkave, mediale Oberfläche der Niere

m) sackähnlicher Hohlraum im Bereich des Nierenhilus

Nieren und ableitende Harnwege

Das Harnsystem besteht aus den beiden Nieren, den beiden Nierenbecken mit ihren Kelchen, den Harnleitern (Ureteren), der Harnblase und der Harnröhre (Urethra). Es dient in erster Linie der Bildung und Ausscheidung von Urin und dadurch zur Aufrechterhaltung der Zusammensetzung der Körperflüssigkeiten (Homöostase). Der Urin, den die Nieren kontinuierlich bilden, wird von den Harnleitern in die Harnblase befördert, wo er bis zu seiner Ausscheidung durch die Harnröhre gesammelt wird (s. Abb. 1).

Frage: Welche der folgenden ist eine wesentliche Funktion des Harnsystems?

a) Unterstützung des Stoffwechsels → S. 3

b) Aufrechterhaltung der Homöostase → S. 4

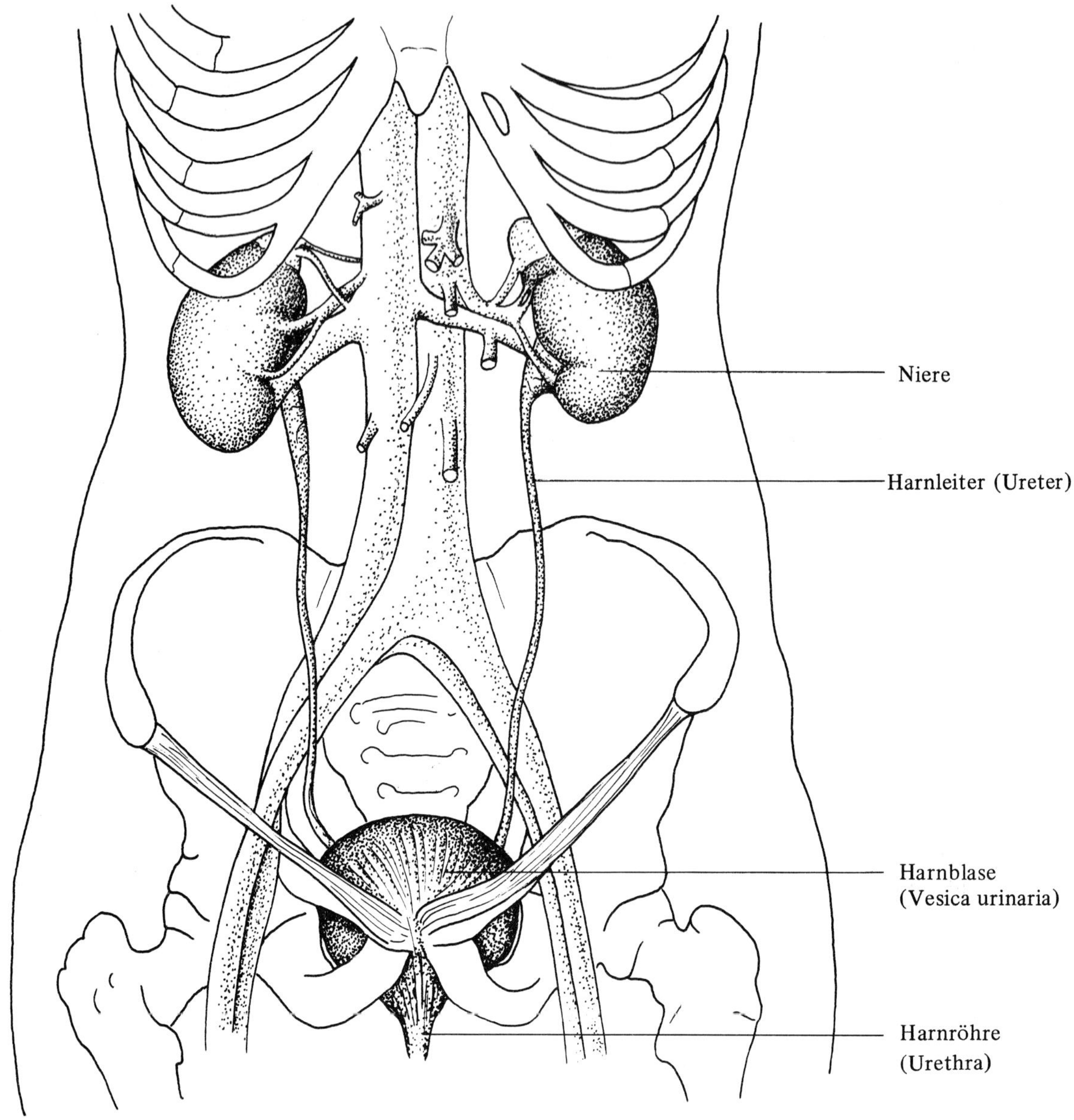

Abb. 1. Nieren und ableitende Harnwege.

(von S. 1)

Ihre Antwort: Unterstützung des Stoffwechsels.

Sie irren sich. Das Harnsystem dient *nicht* der Unterstützung des Stoffwechsels – zumindest nicht im Sinne einer wesentlichen Funktion. Es ist richtig, daß ohne ein leistungsfähiges Harnsystem das Funktionieren des Stoffwechsels nicht möglich wäre, da sich toxische Abbauprodukte im Körper ansammeln und zum Tode führen würden. Es ist jedoch ebenso richtig, daß der Stoffwechsel nicht ohne ein leistungsfähiges endokrines System und seine hormonalen Katalysatoren möglich ist. Ihre Antwort hätte lauten müssen: Aufrechterhaltung der Homöostase. Das Harnsystem nimmt folgende Aufgaben wahr, von denen jede eine regulatorische Funktion zur Aufrechterhaltung der Homöostase hat.

a) das Abfiltern von Stoffwechselschlacken aus dem zirkulierenden Blut und ihre Ausscheidung aus dem Körper;

b) die Regulation des Wasserhaushaltes des Körpers;

c) die Regulation des Säure-Basen-Gleichgewichts im Blut.

Bitte schlagen Sie S. 4 auf und fahren Sie mit dem Programm fort.

(von S. 1)

Ihre Antwort: Aufrechterhaltung der Homöostase.

Richtig! Die Aufrechterhaltung der Homöostase ist eine Hauptaufgabe des Harnsystems. Es erfüllt diese Funktion durch

a) Abfiltern von Stoffwechselschlacken aus dem zirkulierenden Blut und die Ausscheidung aus dem Körper;

b) Mithilfe bei der Regulation des Wasserhaushaltes des Körpers;

c) Hilfe bei der Regulation des Säure-Basen-Gleichgewichts des Blutes.

Man sagt, daß das innere „Milieu" des Körpers nicht so sehr durch das bestimmt wird, was der Mund aufnimmt, sondern mehr durch das, was die Nieren bei ihrer Ausscheidungsfunktion zurückbehalten.

Die Nieren (Renes)

Die Nieren sind zwei bohnenförmige Organe, die zwischen Peritoneum parietale und der hinteren Bauchwand liegen. Die Organe befinden sich eben oberhalb der Taillenlinie. Die Leber drückt die rechte Niere herunter, so daß sie etwas tiefer als die linke steht. Sie werden durch ein Fettpolster und eine Fascie an ihrem Platz gehalten. Je eine Nebenniere befindet sich auf dem oberen Pol jeder Niere (s. Abb. 2).

Frage: Welche Niere liegt im Körper etwas tiefer als die andere?

a) rechte Niere → S. 6

b) linke Niere → S. 8

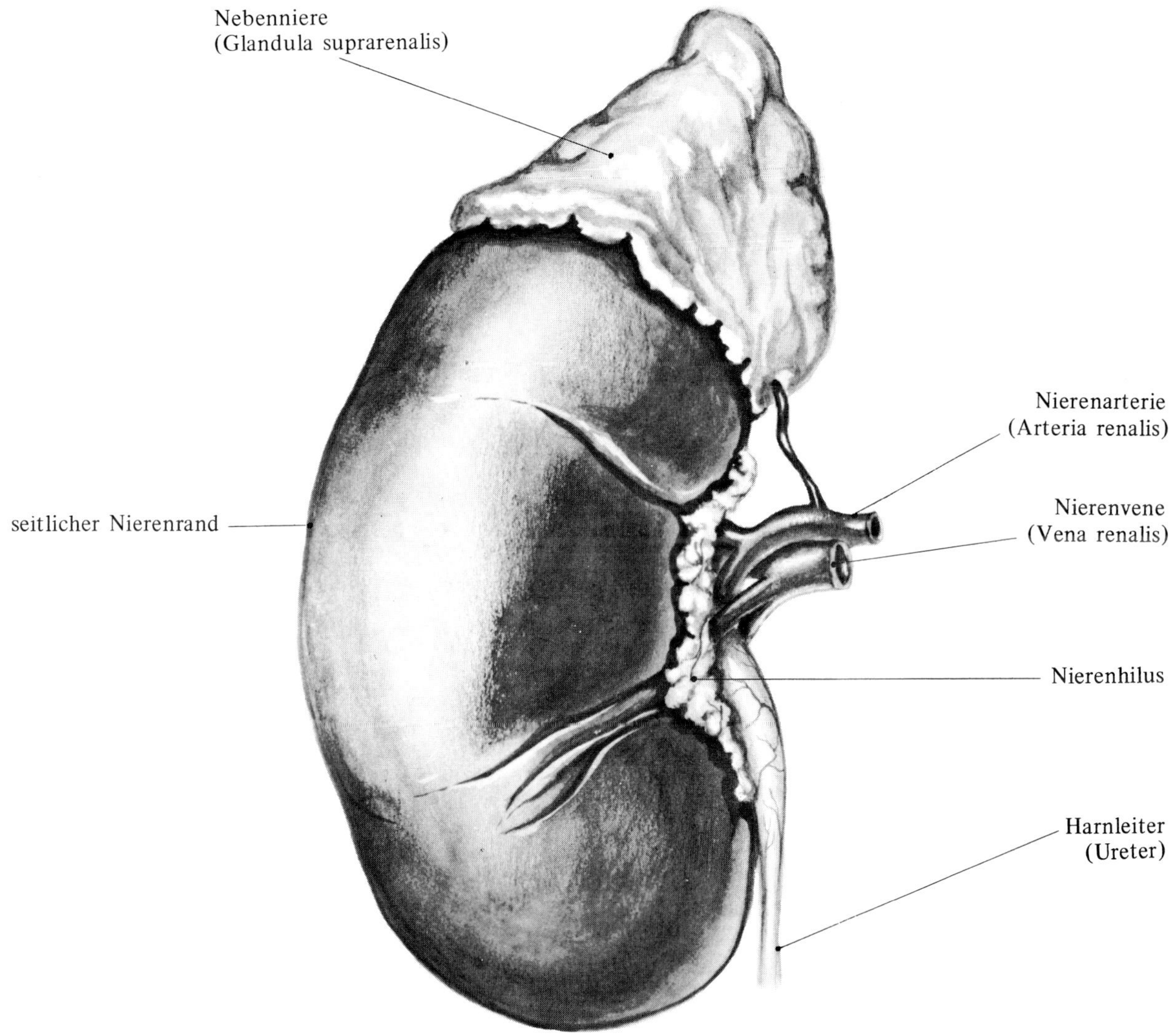

Abb. 2. Die rechte Niere.

(von S. 4)

Ihre Antwort: Rechte Niere.

Richtig! Die rechte Niere liegt im Körper etwas tiefer als die linke Niere. Das ist bedingt durch die Lokalisation der Leber, deren große Masse die Niere ein wenig herunterdrückt. Bei sehr hageren Menschen können eine oder beide Nieren durch das Fehlen eines ausreichenden Fettpolsters, das die Niere normalerweise in ihrer Lage hält, heruntersinken (der Zustand wird als Ptosis bezeichnet).

Äußeres Erscheinungsbild der Niere

Wie in Abb. 3 gezeigt, hat jede Niere eine vordere und hintere Oberfläche und einen konvexen, seitlichen oder äußeren Rand. Der innere oder mediale Rand der Niere ist konkav, mit einer Einkerbung in der Mitte: diese Stelle wird Hilus genannt. Die Nierenarterie, die Nierenvene, Lymphgefäße und Nerven erreichen und verlassen die Niere durch den Hilus. Ein sackähnlicher Hohlraum, das Nierenbecken, liegt in der Tiefe der Niere seitlich vom Hilus. Dies ist der Sammelteil der Niere, der eine Ausweitung des Harnleiters darstellt. Jede Niere ist von einer derben fibrösen Kapsel eingehüllt.

Frage: Welche der folgenden Bezeichnungen benennt den Sammelteil der Niere, der eine Ausweitung des Harnleiters darstellt?

a) Nierenhilus → S. 9

b) Nierenbecken → S. 11

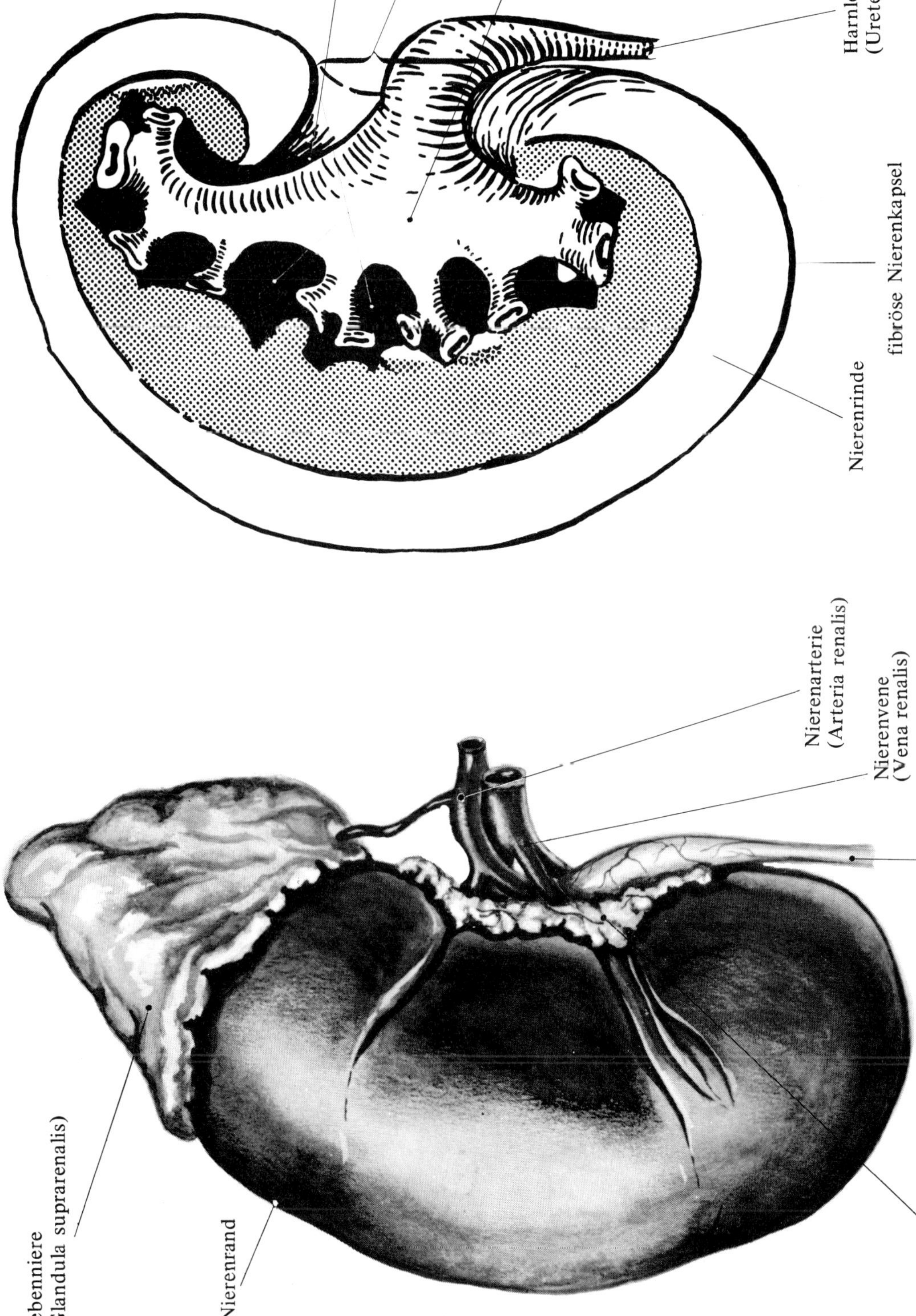

Abb. 3. Die Niere (ein Teil entfernt, um das Nierenbecken zu zeigen).

(von S. 4)

Ihre Antwort: Linke Niere.

Sie irren sich. Die linke Niere nimmt im Körper *keine* tiefere Position ein als die rechte – zumindest nicht unter normalen Bedingungen. Die große Masse der Leber drückt auf die rechte Niere und drückt sie so ein wenig tiefer als die der Gegenseite.

Bitte schlagen Sie S. 6 auf und fahren Sie mit dem Programm fort.

(von S. 6)

Ihre Antwort: Nierenhilus.

Sie irren sich. Der Hilus ist *nicht* der Sammelteil der Niere. Er ist die Einkerbung der konkaven Seite der Niere (diese Seite ist der Mittellinie des Körpers zugewandt). Die Nirenarterie, -vene, Lymphgefäße und Nerven erreichen und verlassen die Niere an dieser Einkerbung, die den Hilus darstellt.

Bitte schlagen Sie S. 11 auf und fahren Sie mit dem Programm fort.

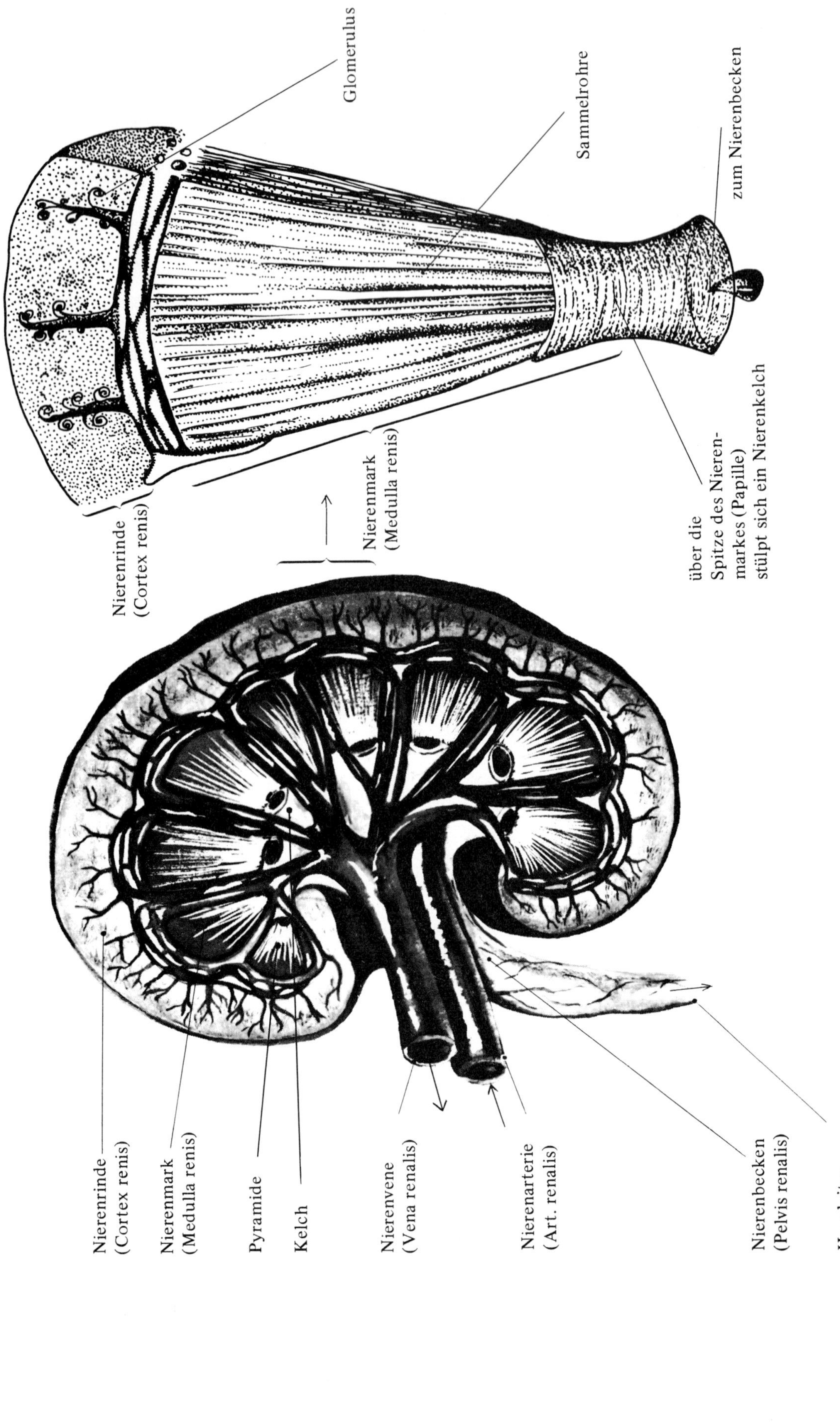

Abb. 4. Schnitt durch die Niere, der die Nierenpyramiden zeigt.

(von S. 6)

Ihre Antwort: Nierenbecken.

Richtig! Das Nierenbecken (der seitlich vom Hilus im Sinus renalis lokalisierte Hohlraum) ist ein sackähnliches Gebilde zur Sammlung des Urins. Es stellt den oberen, ausgeweiteten Teil des Harnleiters dar.

Innere Struktur der Niere

Auf einem Schnitt durch die Niere werden zwei verschiedene Bereiche beobachtet: Ein innerer dunklerer Bereich (das Mark, Medulla) und ein äußerer heller Bereich (die Rinde, Cortex). Das Mark ist in eine Anzahl von sogenannten Nierenpyramiden unterteilt. Die Grundflächen der Pyramiden reichen an die Rinde; ihre Spitzen konvergieren zum Zentrum der Niere. Diese Spitzen werden Nierenpapillen genannt; sie reichen in Hohlräume des Nierenbeckens, die Kelche (Calices) genannt werden, hinein. Die Rinde senkt sich zwischen benachbarte Pyramiden und bildet so die Nierensäulen (Columnae renales) (s. Abb. 4).

Frage: In welchem Gebiet der Niere liegen die Pyramiden?

a) Nierenrinde → S. 12

b) Nierenmark → S. 14

(von S. 11)

Ihre Antwort: Nierenrinde.

Sie irren sich. Die Nierenpyramiden liegen *nicht* in der Rinde. Man findet sie dagegen in der inneren, dunkleren Schicht, die das Nierenmark darstellt.

Bitte schlagen Sie S. 14 auf und fahren Sie mit dem Programm fort.

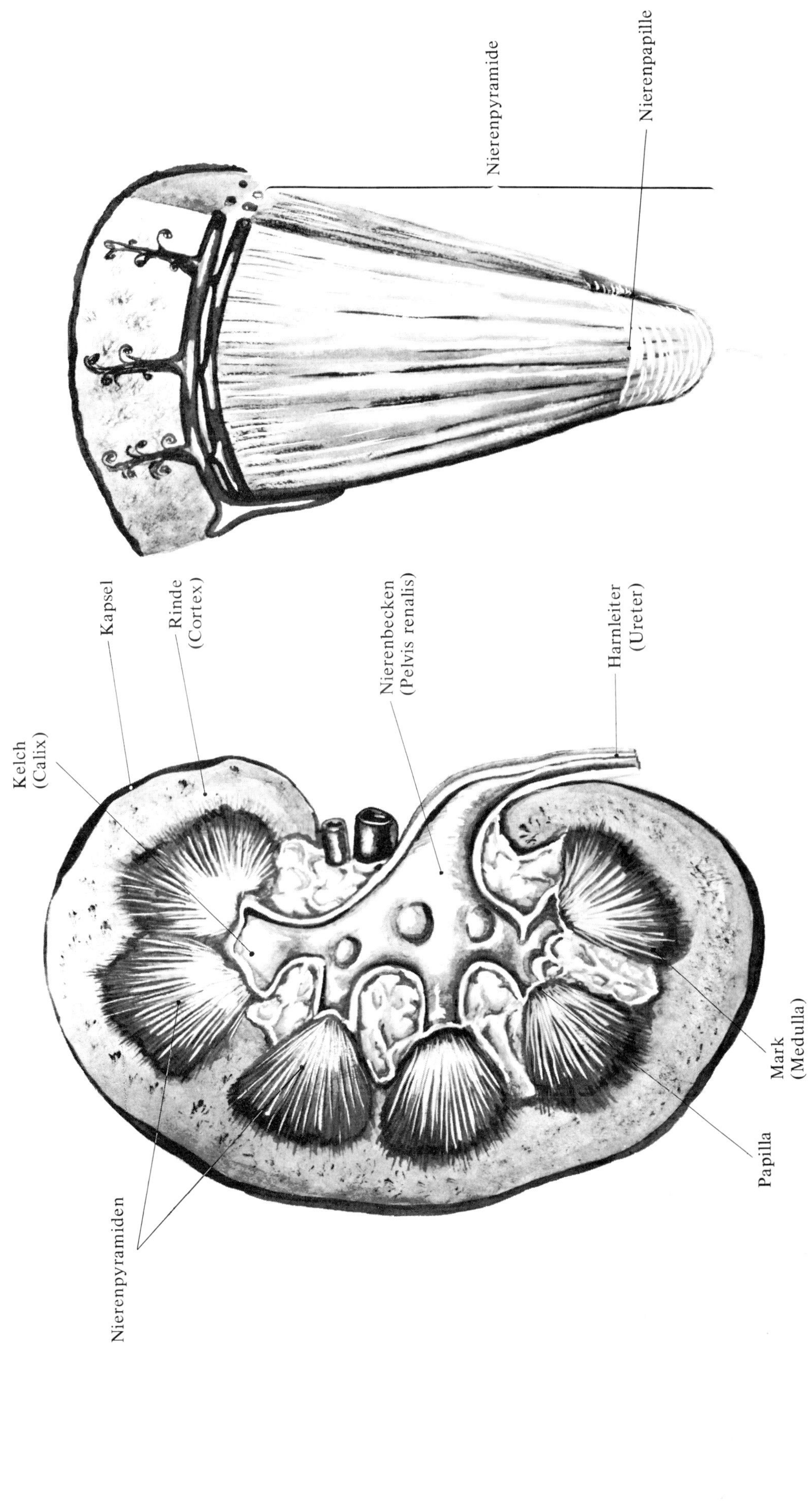

Abb. 5. Aufbau der Nierenpyramide.

(von S. 11)

Ihre Antwort: Nierenmark.

Richtig! Die Nierenpyramiden liegen im Nierenmark. Die Spitzen der Pyramiden, die auch Nierenpapillen genannt werden, entleeren Urin durch die Öffnungen der Sammelrohre in taschenähnliche Hohlräume des Nierenbeckens, die Kelche genannt werden. Diese Sammelrohre können in der Pyramide als feine, konvergierende Linien festgestellt werden.

Wie in Abb. 5 zu sehen ist, laufen die Pyramiden in Spitzen aus, die Nierenpapillen heißen. Diese Spitzen ragen in die Hohlräume des Nierenbeckens hinein, die wir als Kelche kennengelernt haben.

Frage: In welchen Raum entleeren die Öffnungen der Sammelrohre Urin?

a) in die Kelche → S. 16

b) in das Nierenbecken → S. 17

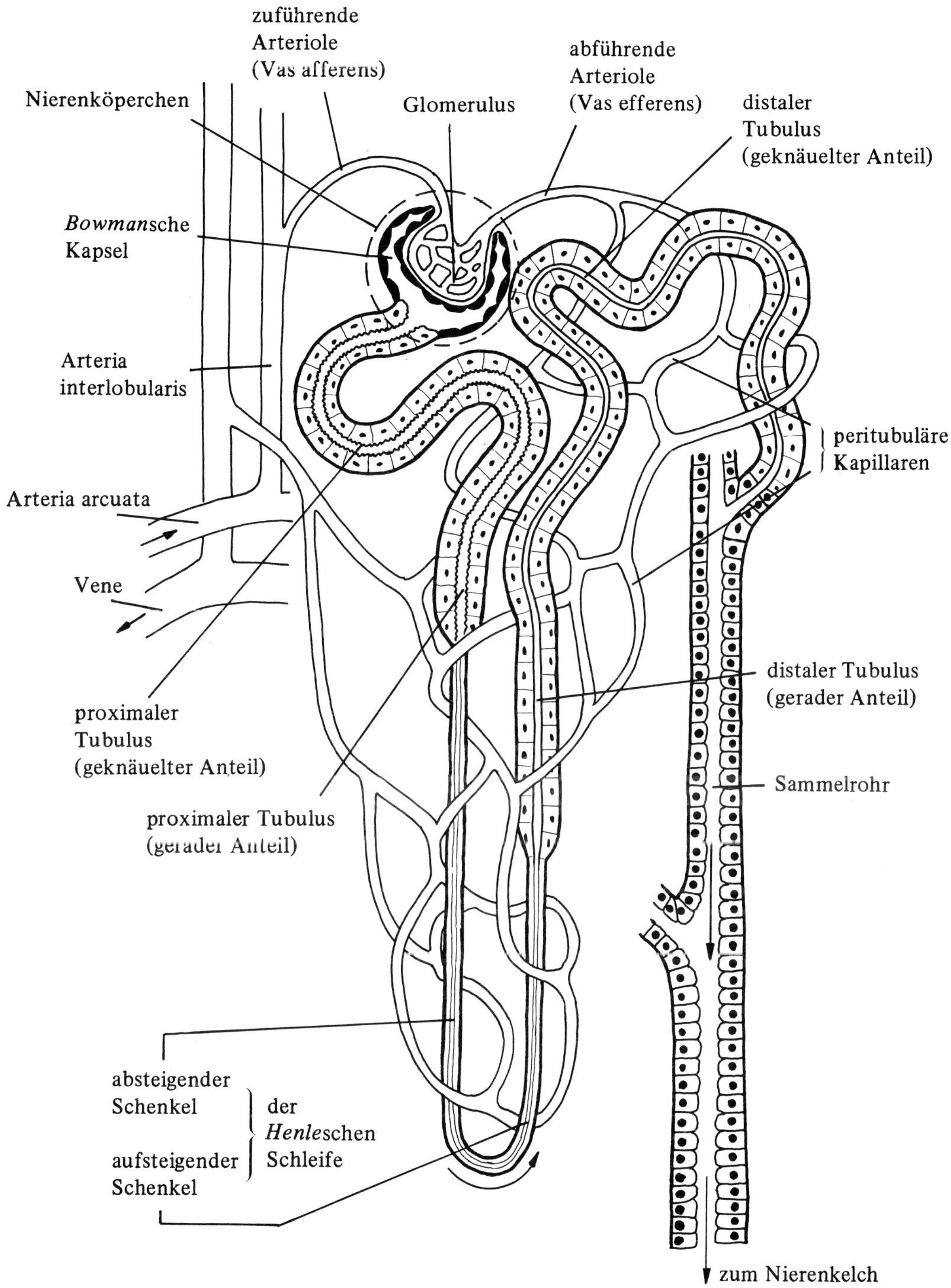

Abb. 6. Ein Nephron – die funktionelle Einheit der Nieren, mit Sammelrohr und Blutgefäßen.

(von S. 14)

Ihre Antwort: In die Kelche.

Richtig! Die Öffnungen der Sammelrohre entleeren den Urin in die Kelche. Die Kelche insgesamt vereinigen sich und bilden das Nierenbecken.

Mikroskopische Anatomie der Niere

Die mikroskopische Untersuchung eines Schnitts von Nierengewebe zeigt zahlreiche trichterförmige Strukturen, die lange geknäuelte Stiele haben (s. Abb. 6). Dies sind die Nephrone – die funktionellen Einheiten der Niere.

Jede Niere enthält ungefähr 1 Million Nephrone. Wie Sie in Abb. 6 sehen, besteht jedes Nephron aus einem Nierenkörperchen, das sich aus einem Glomerulus und einer *Bowman*schen Kapsel zusammensetzt, sowie dem Tubulus-System.

Frage: Welcher der folgenden Begriffe bezeichnet die funktionelle Einheit der Niere?

a) Glomerulus → S. 18

b) Nephron → S. 19

(von S. 14)

Ihre Antwort: In das Nierenbecken.

Sie irren sich. Die Öffnungen der Sammelrohre entleeren den Urin *nicht* in das Nierenbecken – zumindest ist dies ungenau. Die Öffnungen entleeren den Urin in die Kelche. Diese vereinigen sich und bilden in ihrer Gesamtheit das Nierenbecken.

Bitte fahren Sie auf S. 16 mit dem Programm fort.

(von S. 16)

Ihre Antwort: Glomerulus.

Sie irren sich. Der Glomerulus ist *nicht* die funktionelle Einheit der Niere. Er ist lediglich ein Teil davon; er besteht aus einem Knäuel von Kapillaren, eingestülpt in eine becherartige Struktur (*Bowman*sche Kapsel), die den Beginn des Tubulus-Systems darstellt. Das Nephron ist die funktionelle Einheit der Niere. Erinnern Sie sich, daß wir sagten, daß ein Nephron aus dem Nierenkörperchen (Glomerulus und *Bowman*sche Kapsel als eine Einheit) und dem Tubulus-System besteht.

Bitte fahren Sie auf S. 19 mit dem Programm fort.

(von S. 16)

Ihre Antwort: Nephron.

Richtig! Das Nephron ist die funktionelle Einheit der Niere. Das Blut gelangt in das Kapillarknäuel, das Glomerulus genannt wird und in einer becherartigen Vertiefung des Tubulus-Systems (*Bowman*sche Kapsel) liegt. Der Tubulus, der die Kapsel drainiert, besteht aus zwei gewundenen Anteilen (proximaler und distaler Tubulus contortus), die durch eine haarnadelförmige Schleife, die *Henle*sche Schleife, verbunden sind. Die *Bowman*sche Kapsel und die gewundenen Anteile des Tubulus liegen in der Rinde der Niere und geben ihr ein fein granuliertes Aussehen. Die geraden, zur *Henle*schen Schleife gehörenden Tubuli liegen zum größten Teil im Mark, dem sie ein gestreiftes Aussehen geben. Die Tubuli führen in die etwas größeren Sammelrohre, die den Urin in die Kelche des Nierenbeckens entleeren. Vom Nierenbecken fließt der Urin durch den Harnleiter herunter in die Harnblase (s. Abb. 6).

Frage: Wo liegt die *Bowman*sche Kapsel und der gewundene Anteil des Tubulus?

a) in der Nierenrinde → S. 21

a) im Nierenmark → S. 22

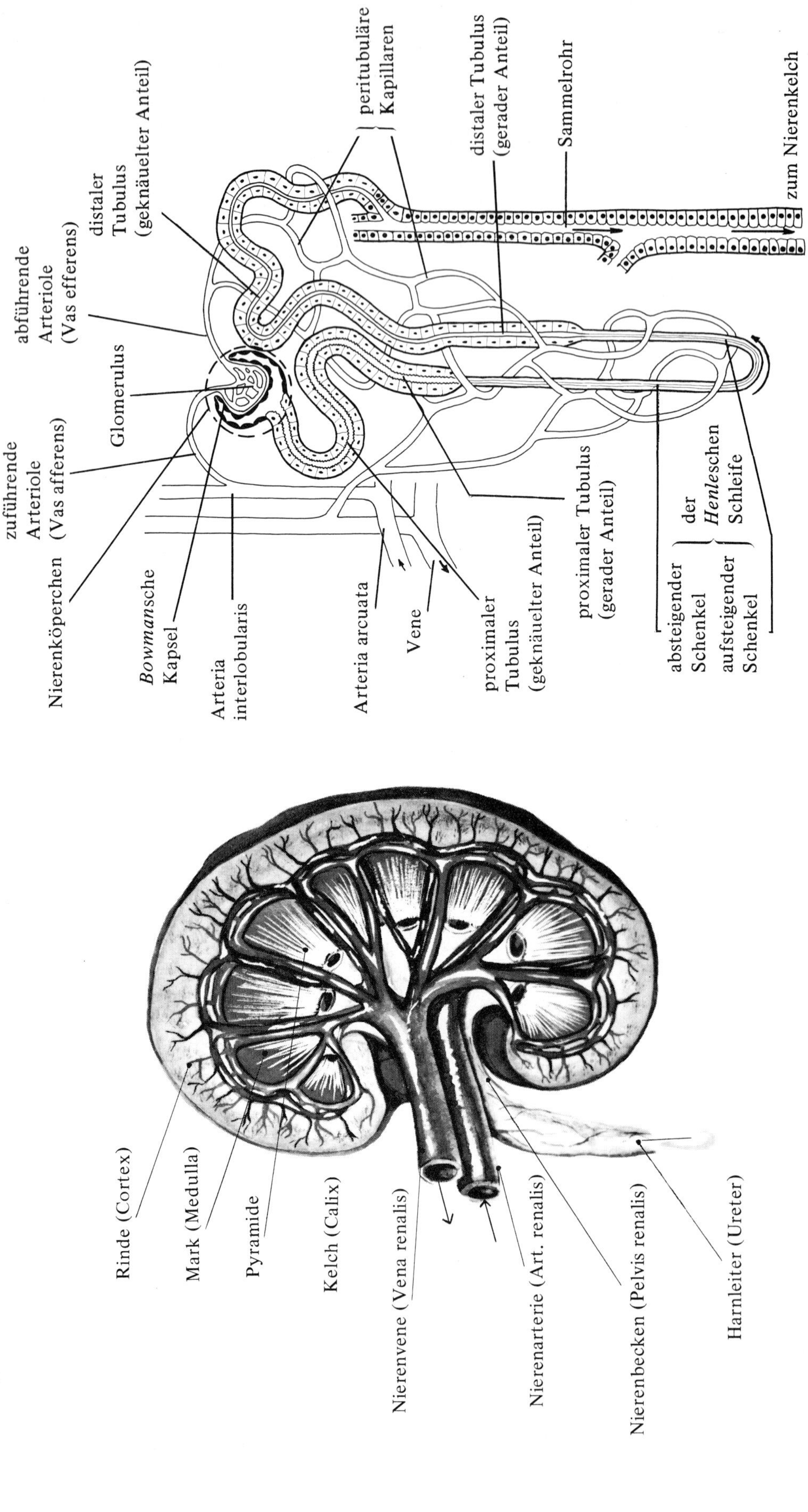

Abb. 7. Blutgefäße der Niere.

(von S. 19)

Ihre Antwort: In der Nierenrinde.

Richtig! Die *Bowman*sche Kapsel und der gewundene Anteil des Tubulus liegen in der Nierenrinde und geben ihr ein feingranuliertes Aussehen. Die *Henle*sche Schleifen liegen im Nierenmark und geben diesem Teil der Niere ein gestreiftes Aussehen.

Blutversorgung der Niere

Die Nierenarterie erreicht die Niere zusammen mit den Nerven und Lymphgefäßen am Hilus. Gleich nach dem Eintritt in die Niere teilt sie sich in zahlreiche Äste auf, die sich in der Rinde radiär ausbreiten. Davon gehen Äste zu den Glomeruli, die Vasa afferentia genannt werden. Aus ihnen entstehen die Kapillarknäuel, die Glomeruli genannt werden. Kapillarknäuel (Glomerulus) und eingestülpte Kapsel (*Bowman*sche Kapsel) bilden zusammen ein Nierenkörperchen. Ein abführendes Gefäß, das Vas efferens genannt wird, sammelt das Blut aus dem Glomerulus. Nach kurzem Verlauf mündet das Vas efferens in ein kapilläres Netzwerk, das die Tubuli umgibt. Dieses vereinigt sich zu zunächst kleinen, dann größeren Venen, schließlich zur Nierenvene, welche die Niere am Hilus verläßt.

Frage: Welches Gefäß führt Blut vom Nierenkörperchen weg und mündet schließlich in ein feines kapillares Netz, das die Tubuli des Nephrons umgibt?

a) Vas afferens → S. 23

b) Vas efferens → S. 24

c) Venula efferens → S. 25

(von S. 19)

Ihre Antwort: Im Nierenmark.

Sie irren sich. Die *Bowman*sche Kapsel und der gewundene Anteil des Tubulus liegen *nicht* im Nierenmark. Diese Bestandteile des Nephrons liegen in der Nierenrinde. Ihre Lage in der Nierenrindensubstanz gibt ihr ein feingranuliertes Aussehen.

Bitte schlagen Sie S. 21 auf und fahren Sie mit dem Programm fort.

(von S. 21)

Ihre Antwort: Vas afferens.

Sie irren sich. Die zuführenden Arteriolen (Vasa afferentia) führen Blut in das Nierenkörperchen und *nicht* weg von ihm.

Bitte schlagen Sie S. 21 auf und überdenken Sie den vorliegenden Stoff, bevor Sie die richtige Antwort wählen.

(von S. 21)

Ihre Antwort: Vas efferens.

Richtig! Ein abführendes Gefäß, das Vas efferens genannt wird, sammelt Blut vom Nierenkörperchen. Nach kurzem Verlauf spaltet es sich in ein Kapillarnetz auf, das die Tubuli umgibt.

Funktion der Niere

Innerhalb von 24 Stunden durchfließt das ganze Blutvolumen des Körpers die Nieren etwa 300 mal. Bei normaler Arbeitsleistung filtrieren die Nieren eines Erwachsenen im Laufe des Tages etwa 170 Liter Flüssigkeit aus dem Blut und geben kontinuierlich alles bis auf 1 oder 2 Liter konzentrierten Urins über den Weg der Rückresorption in das Blut zurück.

Die Nieren nehmen zwei Funktionen wahr, die lebenswichtig sind:

a) Sie befreien den Körper von Harnstoff, Harnsäure, Kreatinin und anderen Endprodukten des Stoffwechsels.

b) Sie regulieren die Zusammensetzung des Blutes durch Aufrechterhaltung seiner Wasser- und Salzkonzentration und seines Säure-Basen-Gleichgewichts.

Frage: Wieviel Urin wird von den Nieren eines Erwachsenen während 24 Stunden produziert?

a) 1 Liter oder weniger → S. 26

b) 1–2 Liter → S. 27

(von S. 21)

Ihre Antwort: Venula efferens.

Sie irren sich. Normalerweise werden Gefäße, die einen Gewebsbezirk drainieren, zu den Venen gerechnet. Im Fall der Nierenkörperchen jedoch ist sowohl das zuführende als auch das abführende Gefäß eine Arteriole.

Bitte kehren Sie zu S. 21 zurück und überdenken Sie den Stoff, um dann zu sagen, welcher Gefäßtyp das Blut aus dem Nierenkörperchen abführt.

(von S. 24)

Ihre Antwort: 1 Liter oder weniger.

Sie irren sich. Bei normaler Funktion kann erwartet werden, daß die Nieren eines Erwachsenen während 24 Stunden 1–2 Liter Urin produzieren. Diese Menge ist konzentriert aus den etwa 170 Litern Flüssigkeit, die die Nieren jeden Tag aus dem Blut abfiltern und von denen das meiste, wie Sie sehen, rückresorbiert wird.

Bitte fahren Sie auf S. 27 mit dem Programm fort.

(von S. 24)

Ihre Antwort: 1–2 Liter.

Richtig! 1–2 Liter Urin werden von den Nieren während 24 Stunden gebildet. Dies ist das Konzentrat von etwa 170 Liter Flüssigkeit, die durch das Filtersystem der Nieren während 24 Stunden abgepreßt werden.

Urinbildung und Urinausscheidung

Die Urinbildung besteht aus drei Vorgängen: glomeruläre Filtration, tubuläre Rückresorption und tubuläre Sekretion.

Der erste Schritt der Urinbildung, die Filtration, findet in den Nierenkörperchen statt. Hier werden Wasser und gelöste Substanzen aus dem Kapillarknäuel durch die semipermeable Wand der Kapillaren abgefiltert. Die Filtration wird in den Glomeruli durch zwei Faktoren erleichtert:

a) die Kapillaren des Glomerulus besitzen weit mehr Poren als andere Kapillaren und

b) die Vasa efferentia, die die Glomeruli drainieren, haben einen geringeren Durchmesser als die Vasa afferentia, die das Blut zum Glomerulus bringen.

Durch den relativ großen Durchmesser der Vasa afferentia besteht in den Kapillaren der Glomeruli ein relativ hoher hydrostatischer Druck*), der die Filtration durch die Poren der Glomeruluskapillaren begünstigt. Der hydrostatische Druck in den Glomeruluskapillaren beträgt etwa 80 mbar (ca. 60 mm Hg), während er in den Kapillaren anderer Organe etwa 40 mbar (ca. 30 mm Hg) beträgt.

Frage: Welches Merkmal der Vasa afferentia erleichtert die glomeruläre Filtration?

a) eine große Anzahl Poren in der Kapillarwand → S. 28

b) der geringe Durchmesser der Vasa afferentia → S. 29

*) Der hydrostatische Druck stellt eine Kraft dar, die sowohl Flüssigkeit als auch gelöste Substanzen durch eine semipermeable Membran drückt, wobei Teilchen, die größer sind als der Porendurchmesser der Kapillaren, wie z. B. Eiweiße und Blutkörperchen, zurückgehalten werden.

(von S. 27)

Ihre Antwort: Eine große Anzahl Poren in der Kapillarwand.

Richtig! Die große Anzahl Poren in den Wänden der Glomeruluskapillaren hilft dabei, die Glomeruli zu wirksamen Filterstrukturen zu machen. Wie Sie sich erinnern, trägt auch der große Durchmesser der zuführenden Gefäße, zur wirksamen Filtrierung bei.

Wie Sie wahrscheinlich schon vermutet haben, dringt Flüssigkeit von den Glomeruluskapillaren in die *Bowman*sche Kapsel aus dem gleichen Grund, aus dem sie normale Kapillaren verläßt, um in den Interzellularraum zu gelangen. In beiden Fällen besteht nämlich ein Druckgradient zwischen zwei benachbarten Gebieten. In dem Nephron (oder der Grundeinheit der Niere) wird dieser Druckgradient von verschiedenen Faktoren – zusätzlich zu dem Druck, der innerhalb der Glomeruli besteht – bestimmt. Diese Faktoren sind a) der Druck in der Kapsel, die den Glomerulus umgibt und b) der kolloidosmotische Druck. Letzterer ist durch die Konzentration der Eiweißmoleküle im Plasma, das in die glomerulären Kapillaren eintritt, bestimmt; und zwar ist er um so größer, je mehr Moleküle sich pro Volumeneinheit in der Lösung befinden. Merke: Der Druck in diesem Sinne bezieht sich auf einen osmotischen Druck, der durch ein Zurückhalten von Lösungsmittel (Plasmawasser) für die Eiweißmoleküle entsteht, die nicht durch die Poren der Glomeruluskapillaren filtriert werden können, da sie für die Poren der Kapillaren zu groß sind.

Frage: Der kolloidosmotische Druck würde größer sein, wenn das Plasma, das die Glomeruli durchströmt, enthielte:

a) relativ wenig Eiweißmoleküle → S. 30

b) eine große Anzahl von Eiweißmolekülen → S. 31

(von S. 27)

Ihre Antwort: Der geringe Durchmesser der Vasa afferentia.

Sie irren sich. Wie Sie sich bitte erinnern, sagten wir, daß die abführenden Arteriolen einen geringeren Durchmesser haben, *nicht* die zuführenden Arteriolen.

Bitte fahren Sie auf S. 28 mit dem Programm fort.

(von S. 28)

Ihre Antwort: Relativ wenig Eiweißmoleküle.

Sie irren sich. Der kolloidosmotische Druck ist *nicht* größer, wenn das Plasma, das die Glomeruli erreicht, weniger Eiweißmoleküle enthält. Wie Sie sich vielleicht erinnern, erwähnten wir, daß dieser Druck direkt durch die Zahl der Eiweißmoleküle des Blutplasmas, das die Glomeruli durchfließt, bestimmt ist. Je mehr gelöste Teilchen (Eiweißmoleküle) pro Flüssigkeitseinheit vorhanden sind, um so größer ist der kolloidosmotische Druck.

Bitte fahren Sie auf S. 31 mit dem Programm fort.

(von S. 28)

Ihre Antwort: Eine große Anzahl von Eiweißmolekülen.

Richtig! Der kolloidosmotische Druck ist in einer Lösung, die eine große Anzahl von Eiweißmolekülen oder Kolloiden enthält, größer.

Bei jeder Filtration ist der glomeruläre Kapillardruck bestrebt, Flüssigkeit aus den Kapillaren auszupressen. Andererseits ist der kolloidosmotische Druck (bestimmt durch die Konzentration der Plasmaproteine) und der Druck in den Kapseln, die die Glomeruluskapillaren umgeben (kapsulärer Druck), bestrebt, Flüssigkeit in den Glomeruli zurückzuhalten. Wenn dies etwas schwierig erscheint, versuchen Sie es so zu betrachten: Der Blutdruck innerhalb der Glomeruluskapillaren versucht, Flüssigkeit aus den Kapillaren herauszudrücken. Zwei wesentliche Kräfte wirken dem jedoch entgegen. Die eine ist der Druck in der die Glomeruluskapillaren umgebenden Kapsel. Je größer dieser Druck ist, um so mehr Widerstand wird dem durch den Blutdruck bedingten hydrostatischen Druck entgegengestellt. Eine zweite Kraft, die der Filtration von Flüssigkeit durch die Glomeruli entgegenwirkt, ist der kolloidosmotische Druck. Diese Kraft, die durch die Konzentration der gelösten Eiweißmoleküle im Plasma bestimmt wird, wirkt wasserhaltend, nicht wasserabpressend. So reduziert sie die Menge der Filtrationsflüssigkeit der Glomeruli anstatt sie zu vermehren, indem sie einen Teil der Flüssigkeit in den Glomeruluskapillaren hält.

Frage: Welche Kraft wirkt der glomerulären Filtration entgegen?

a) der glomeruläre hydrostatische Kapillardruck → S. 32

b) der kapsuläre Druck → S. 33

c) der kolloidosmotische Druck in den Kapillaren → S. 34

d) der kapsuläre und kolloidosmotische Druck → S. 36

(von S. 31)

Ihre Antwort: Der glomeruläre hydrostatische Kapillardruck.

Sie irren sich. Dieser Druck versucht *nicht*, Flüssigkeit im Glomerulus zurückzuhalten. Er ist vielmehr die Hauptkraft, die zum Auspressen von Flüssigkeit aus dem Kapillarknäuel, das den Glomerulus ausmacht, führt.

Bitte kehren Sie zu S. 31 zurück. Überdenken Sie den Stoff, der dort erklärt wird, bevor Sie die richtige Antwort auswählen.

(von S. 31)

Ihre Antwort: Der kapsuläre Druck.

Die Antwort ist teilweise richtig. Der kapsuläre Druck hindert die Flüssigkeit am Verlassen des Glomerulus. Ihre Antwort hätte jedoch eine zusätzlich Kraft einschließen sollen, welche die Flüssigkeitsmenge, die den Glomerulus verläßt, einschränkt.

Bitte kehren Sie zu S. 31 zurück und sagen Sie, welche diese zweite Kraft ist.

(von S. 31)

Ihre Antwort: Der kolloidosmotische Druck in den Kapillaren.

Ihre Antwort ist teilweise richtig. Der kolloidosmotische Druck hindert Flüssigkeit am Verlassen des Glomerulus. Ihre Antwort hätte jedoch eine zusätzliche Kraft einschließen sollen, die ebenfalls versucht, Flüssigkeit im Glomerulus zu halten.

Bitte kehren Sie zu S. 31 zurück und sagen Sie, welche diese zweite Kraft ist.

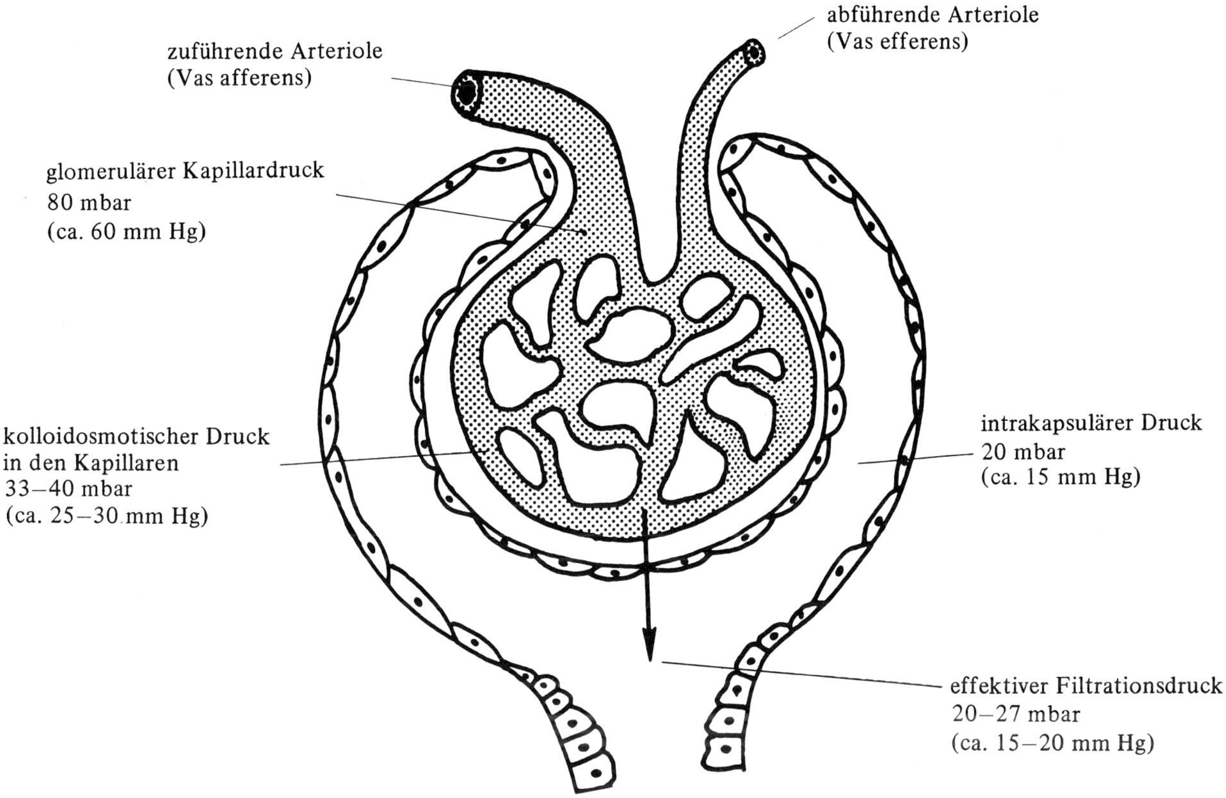

Abb. 8. Faktoren, die den effektiven Filtrationsdruck bestimmen.

(von S. 31)

Ihre Antwort: Der kapsuläre und kolloidosmotische Druck.

Richtig! Kolloidosmotischer und kapsulärer Druck sind bestrebt, Flüssigkeit am Verlassen des Glomerulus zu hindern. – Sie wirken so dem allgemeinen Flüssigkeitsdruck des Blutes entgegen. Die Differenz zwischen den beiden obengenannten Drucken und dem intraglomerulären Druck ergibt den effektiven Filtrationsdruck (s. Abb. 8).

Normalerweise ist der effektive Filtrationsdruck (oder Druckgradient zwischen Glomeruli und Kapseln) etwa 20–27 mbar (ca. 15–20 mmHg). Dieser Wert leitet sich von den folgenden normalen Drucken her:

glomerulärer Kapillardruck	=	80 mbar	(ca. 60 mmHg)
kolloidosmotischer Druck	=	–33–40 mbar	(ca. –25–30 mmHg)
intrakapsulärer Druck	=	– 20 mbar	(ca. – 15 mmHg)
effektiver Filtrationsdruck	=	20–27 mbar	(ca. 15–20 mmHg)

Frage: Welcher Druck ist größer, der glomeruläre Kapillardruck oder der kapsuläre hydrostatische Druck?

a) glomerulärer hydrostatischer Kapillardruck → S. 37

b) kapsulärer hydrostatischer Druck → S. 38

(von S. 36)

Ihre Antwort: Glomerulärer hydrostatischer Kapillardruck.

Richtig! Der glomeruläre (intrakapilläre) hydrostatische Druck ist größer als der kapsuläre hydrostatische Druck. Der Normalwert beträgt für den ersteren 80 mbar (ca. 60 mmHg), für den letzteren 20 mbar (ca. 15 mmHg).

Die pro Zeiteinheit aus den Glomeruluskapillaren filtrierte Menge, allgemein als die *glomeruläre Filtrationsrate* bezeichnet, ist direkt abhängig von dem effektiven Filtrationsdruck. Dieser wiederum wird bestimmt durch die Kapillarweite der afferenten und efferenten Arteriolen und durch die Bluteiweißkonzentration. Eine Änderung des Blutdruckes in weiten Bereichen von 120–200 mbar (ca. 90–150 mmHg) hat dagegen keinen Einfluß auf den effektiven Filtrationsdruck, da die afferenten Arteriolen ihren Durchmesser jeweils genau soweit regulieren, d.h. bei Erhöhung des Blutdruckes sich verengern und bei Erniedrigung des Blutdruckes sich erweitern, daß der hydrostatische Druck in den Glomeruluskapillaren konstant bleibt. Diese besondere Eigenschaft der afferenten Arteriolen in der Niere wird als *Autoregulation* bezeichnet. Diese *Autoregulation* führt dazu, daß die *glomeruläre Filtrationsrate* von Änderungen des Blutdruckes nicht beeinflußt wird.

Frage: Welche der folgenden Konsequenzen ergibt sich aus einer Erhöhung des Blutdruckes?

a) Keine Änderung der glomerulären Filtrationsrate → S. 39

b) Steigerung der glomerulären Filtrationsrate → S. 40

(von S. 36)

Ihre Antwort: Kapsulärer hydrostatischer Druck.

Sie irren sich. Der kapsuläre hydrostatische Druck ist *nicht* größer als der andere genannte Druck (glomerulärer hydrostatischer Kapillardruck). Der Normalwert ist ungefähr 20 mbar (ca. 15 mmHg) im Gegensatz zu 80 mbar (ca. 60 mmHg) beim glomerulären hydrostatischen Kapillardruck. So können Sie leicht sehen, daß die Hauptkraft bei der Filtration der glomeruläre hydrostatische Kapillardruck ist.

Bitte schlagen Sie S. 37 auf und fahren Sie mit dem Programm fort.

(von S. 37)

Ihre Antwort: Keine Änderung der glomerulären Filtrationsrate.

Richtig! Eine Steigerung des Blutdruckes führt zu einer Verengerung der afferenten Arteriolen, wodurch der effektive Filtrationsdruck konstant gehalten wird. Dadurch bleibt die glomeruläre Filtrationsrate unverändert.

(von S. 37)

Ihre Antwort: Steigerung der glomerulären Filtrationsrate.

Sie irren sich. Die Verengung der afferenten Arteriolen bei Erhöhung des Blutdruckes verhindert einen Anstieg des effektiven Filtrationsdruckes und damit einen Anstieg der glomerulären Filtrationsrate.

Bitte schlagen Sie S. 37 auf und fahren Sie mit dem Programm fort.

Glomeruläre Filtration – eine Wiederholung

Die glomeruläre Filtration ist ein physikalischer Vorgang, bei dem Wasser und gelöste Substanzen eine semipermeable Membran, die Wand des Glomerulus, durchdringen. Dieser Vorgang läuft ab, wenn der hydrostatische Druck auf der einen Seite der Membran höher ist als auf der anderen. Das Blut in den Kapillaren des Glomerulus übt einen höheren hydrostatischen Druck aus als die Flüssigkeit in der *Bowman*schen Kapsel (eingestülpte, becherförmige Struktur, in der die Kapillaren liegen). Daher treten Wasser und gelöste Substanzen aus den Kapillaren in die Kapsel über. Der glomeruläre hydrostatische Kapillardruck (und dadurch die Filtrationsgeschwindigkeit) wird von folgenden Faktoren reguliert:

a) Weite der afferenten und efferenten Arteriolen (Impulse von sympathischen Nerven können die Zusammenziehung beider Kapillararten bewirken);

b) Bluteiweißkonzentration.

Bei der glomerulären Filtration wandern Wasser und gelöste Substanzen durch die semipermeable Wand der Kapillaren in die *Bowman*sche Kapsel. Kolloide wie beispielsweise die Bluteiweiße bleiben in den Kapillaren zurück, da die Membran der Glomeruluskapillaren für sie undurchdringlich ist.

Frage: Was hindert Stoffe wie Globuline, Fibrinogen und andere Bluteiweiße daran, unter normalem glomerulärem hydrostatischem Kapillardruck in die *Bowman*sche Kapsel einzudringen?

a) die zum Inneren der Kapillaren gerichtete Kraft, die durch den kolloidosmotischen Druck ausgeübt wird → S. 42

b) die Undurchdringlichkeit der Glomerulusmembran für solche Moleküle → S. 43

(von S. 41)

Ihre Antwort: Die zum Inneren der Kapillaren gerichtete Kraft, die durch den kolloidosmotischen Druck ausgeübt wird.

Sie irren sich. Obwohl es wahr ist, daß der kolloidosmotische Druck eine zum Kapillarlumen gerichtete Kraft darstellt, ist dies *nicht* der Grund, warum Bluteiweiße wie z. B. Globuline und Fibrinogen nicht durch die Glomerulusmembran wandern. Die Glomerulusmembran ist wirklich undurchdringlich für sie und für einige andere Moleküle, die ein Molekulargewicht von 70 000 oder mehr haben (Globuline haben ein Molekulargewicht von ungefähr 165 000).

Bitte fahren Sie auf S. 43 mit dem Programm fort.

(von S. 41)

Ihre Antwort: Die Undurchdringlichkeit der Glomerulusmembran für solche Moleküle.

Richtig! Die normale Glomerulusmembran ist undurchdringlich für Globuline, Fibrinogen und verwandte Bluteiweiße. Die Membran ist undurchdringlich für alle Moleküle, die das Molekulargewicht von 70 000 überschreiten. Globuline haben ein Molekulargewicht von etwa 165 000, und das Molekulargewicht des Fibrinogens beträgt etwa 340 000. Andererseits liegt das Molekulargewicht des Albumins bei 70 000, so daß diese Eiweißmoleküle manchmal die Glomerulusmembran durchdringen können. Diese Situation wird als Albuminurie bezeichnet (Albumin im Urin).

Tubuläre Rückresorption

In jeder Minute gelangen etwa 125 ml Glomerulusfiltrat (Primärharn) durch die Glomeruli in die Nierentubuli. Bei der Passage durch die Tubuli wird die Zusammensetzung des Filtrates durch selektive Rückresorption von Wasser und chemischen Substanzen in das Blut verändert. So werden 124 von 125 ml des Filtrates, das in jeder Minute gebildet wird, rückresorbiert – so daß nur 1 ml zurückbleibt, der als definitiver Urin in das Nierenbecken gelangen kann. Die Zellen, die die Wände der gewundenen Anteile der Tubuli und der *Henle*schen Schleifen bilden, nehmen die Rückresorptionsfunktion wahr.

Frage: Ungefähr wieviel Prozent des Glomerulusfiltrates, das in den Nierenkörperchen hergestellt wird, gelangt als Urin in das Nierenbecken?

a) weniger als 1% → S. 44

b) bis zu 99% → S. 45

(von S. 43)

Ihre Antwort: Weniger als 1%.

Richtig! Von den 125 ml Primärharn, die in jeder Minute gebildet werden, werden in den Nierentubuli etwa 124 ml rückresorbiert. So bleibt nur 1 ml, um als Urin in das Nierenbecken zu gelangen – etwas weniger als 1% des gesamten Filtrates, das in einer Minute gebildet wird. Die Rückresorption des Primärharnes geschieht auf zweierlei Art – aktiv und passiv. Beim aktiven Transport werden Substanzen durch die Tubulusmembran gegen ein Konzentrationsgefälle oder elektrisches Gefälle bewegt, wozu Energie nötig ist. Beim passiven Transport werden Stoffe durch einfache physikalische Diffusion rückresorbiert, wozu kein Energieaufwand erforderlich ist. Aktiver Transport findet bei der Rückresorption von Stoffen wie Glucose und Natrium-Ionen statt. In passivem Transport besteht die Rückresorption von Wasser durch die Tubulusepithelien.

Frage.: Bei welcher Art der Rückresorption werden Substanzen gegen ein Konzentrationsgefälle oder elektrisches Gefälle durch die Tubulusmembran bewegt?

a) beim passiven Transport, z. B. der Wasserrückresorption → S. 46

b) beim aktiven Transport, z. B. der Rückresorption von Elektrolyten (Salzen) → S. 47

(von S. 43)

Ihre Antwort: Bis zu 99%.

Sie irren sich. Viel weniger als 99% des Filtrates erreicht als Urin das Nierenbecken. Weniger als 1% des Primärharnes wird zu Urin. Sie haben vielleicht den Prozentgehalt des Primärharnes, der als Urin zurückbleibt (etwas weniger als 1%) mit der Menge verwechselt, die in das Blut rückresorbiert wird (dies sind ungefähr 99%).

Bitte fahren Sie auf S. 44 mit dem Programm fort.

(von S. 44)

Ihre Antwort: Beim passiven Transport, z. B. der Wasserrückresorption.

Sie irren sich. Beim passiven Transport bewegen sich Substanzen *nicht* gegen ein Konzentrationsgefälle oder elektrisches Gefälle. Erinnern Sie sich bitte, daß wir unter passivem Transport eine Rückresorption durch einfache Diffusion verstanden, die keiner Energie des Körpers bedarf.

Kehren Sie zu S. 44 zurück und überarbeiten Sie den vorliegenden Stoff, um sicher zu sein, daß Sie ihn verstanden haben.

(von S. 44)

Ihre Antwort: Beim aktiven Transport, z. B. der Rückresorption von Elektrolyten (Salzen).

Richtig! Aktiver Transport, wie die Rückresorption von Elektrolyten in den Tubuli, ist ein Beispiel für Rückresorption gegen ein Konzentrationsgefälle. Diese Art der Rückresorption erfordert Verbrauch von Körperenergie. Mechanismen des aktiven Transportes greifen auch bei der Rückresorption von Glucose, Aminosäuren und anderen Nährstoffen ein.

Die passive tubuläre Rückresorption (oder die Diffusion von Wasser und einigen anderen Stoffen zurück in das Blut) kann lebenswichtige Stoffe – die meisten Elektrolyte, Glucose, Aminosäuren, niedermolekulare Eiweiße u. a. – *nicht* in das Blut zurückbringen. Diese werden durch aktive Rückresorption in das Blut zurückgebracht, ein Vorgang, der sogar dann weiterläuft, wenn die Konzentration im Filtrat unter die der Zwischenzellflüssigkeit, die diese Elemente aufnehmen soll, gefallen ist. So bewegen die Tubuluszellen zeitweise Stoffe von einem Ort niederer Konzentration zu einem Ort höherer Konzentration. Die aktive Rückresorption steht in scharfem Gegensatz zur Diffusion oder passiven Rückresorption, da ja bei letzterer Transportart die Bewegung der Moleküle durch die Tubulusmembran aufhört, wenn die Moleküle auf beiden Seiten der Membran die gleiche Konzentration erreicht haben.

Frage: Bei welchem Transport werden Substanzen von einem Ort niederer zu einem Ort höherer Konzentration bewegt?

a) passiver Transport → S. 48

b) aktiver Transport → S. 49

(von S. 47)

Ihre Antwort: Passiver Transport.

Sie irren sich. Passiver Transport oder Diffusion schließt *nicht* die Bewegung von Stoffen von einem Ort niederer zu einem Ort höherer Konzentration ein. Der passive Transport (Diffusion) endet, wenn die Moleküle auf beiden Seiten der Tubulusmembran gleiche Konzentration (Gleichverteilung) erreicht haben. Auf dem Weg der Rückresorption werden Stoffe auch dann in das Blut zurückgenommen (aus dem Primärharn), wenn die Konzentration in den Tubuli unter die Konzentration im Blut fällt. Wäre dies nicht der Fall, würden lebenswichtige Substanzen wie Elektrolyte, Aminosäuren und Bluteiweiße im Primärharn zurückbleiben und durch den Urin ausgeschieden werden.

Bitte fahren Sie auf S. 49 mit dem Programm fort.

(von S. 47)

Ihre Antwort: Aktiver Transport.

Richtig! Der Mechanismus des aktiven Transportes schließt die Bewegung von Stoffen von einem Ort niederer zu einem Ort höherer Konzentration ein. Eine solche Einrichtung ist notwendig, um sicherzustellen, daß lebenswichtige Substanzen wie Elektrolyte, Glucose, Aminosäuren und Eiweiße aus dem Primärharn rückresorbiert werden, bevor er die Nierentubuli als Urin verläßt. Die passive Rückresorption (Diffusion) läuft nicht weiter, wenn die Moleküle auf beiden Seiten der Tubulusmembran gleiche Konzentration erreicht haben. Im Fall der Elektrolyte z. B. würde das bedeuten, daß die Elektrolyte im Primärharn zurückbleiben würden, um als Urin in die Nierenbecken ausgeschieden zu werden. Dies ist die Situation, in der die Mitwirkung der aktiven Transportmechanismen augenscheinlich wird. Die aktive Rückresorption über die Trägermechanismen läuft ab, um lebenswichtige Bestandteile aus dem Primärharn herauszuholen – lange, nachdem die Konzentration in den Tubuli unter die der Interzellularflüssigkeit (die die Substanzen aufnimmt) gefallen ist.

Frage: Welche der folgenden Darstellungen beschreibt am genauesten die passive Rückresorption?

a) der Vorgang der passiven Rückresorption hört auf, wenn Moleküle der beteiligten Substanz auf beiden Seiten der Tubulusmembran gleiche Konzentration erlangt haben → S. 50

b) der Vorgang der passiven Rückresorption pumpt auch dann noch lebenswichtige Bestandteile aus dem Primärharn, wenn die Konzentration in den Tubuli unter die der Interzellularflüssigkeit gefallen ist → S. 51

(von S. 49)

Ihre Antwort: Der Vorgang der passiven Rückresorption hört auf, wenn Moleküle der beteiligten Substanz auf beiden Seiten der Tubulusmembran gleiche Konzentration erlangt haben.

Richtig! Die passive Rückresorption ist nicht mehr als eine einfache physikalische Diffusion.

Wie schon betont wurde, rückresorbieren die Nierentubuli den Hauptteil der Flüssigkeit, die über die *Bowman*sche Kapsel in sie hineingefiltert wurde. Glucose wird praktisch vollständig rückresorbiert, so daß sie normalerweise nicht im Urin erscheint. Auch wichtige Elektrolyte (Calcium-, Natrium- und Kalium-Salze) werden zum größten Teil rückresorbiert und in das Blut zurückgegeben. Andererseits bleiben Abbauprodukte wie Harnstoff, Harnsäure, Phosphate usw. in den Tubuli, um als Urinbestandteil in die Sammelrohre zu laufen.

Zusätzlich zur Wahrnehmung einer Filtrationsfunktion sezerniert die Tubulusmembran bestimmte Stoffe in den Primärharn, damit sie mit dem Urin ausgeschieden werden. Die Tubuluszellen sezernieren z. B. Medikamente (wie Penicillin), Farbstoffe und Gifte, die durch den Verdauungstrakt absorbiert wurden. Außerdem sezernieren diese Zellen bestimmte stickstoffhaltige Abbauprodukte des Stoffwechsels, wie Kreatinin und verschiedene Sulfate. Die sekretorische Funktion der Tubuluszellen der Niere ist jedoch von geringer Bedeutung, verglichen mit ihrer Aufgabe der Rückresorption.

Frage: Welche der folgenden Stoffe, die über den Verdauungskanal in den Körper resorbiert wurden, werden im Endharn (Urin im Nierenbecken) durch aktive Sekretion der Tubuluszellen der Niere erscheinen?

a) Glucose → S. 52

b) Penicillin → S. 53

c) Natrium-Ionen → S. 54

(von S. 49)

Ihre Antwort: Der Vorgang der passiven Rückresorption pumpt auch dann noch lebenswichtige Bestandteile aus dem Primärharn, wenn die Konzentration in den Tubuli unter die der Interzellularflüssigkeit gefallen ist.

Sie irren sich. Ihre Antwort liefert eine sehr gute Beschreibung der aktiven Rückresorption, *nicht* der passiven Rückresorption. Wie der Name sagt, bedeutet die passive Rückresorption nicht den Verbrauch von Energie; sie stellt lediglich die passive Diffusion von Molekülen dar. Einige Stoffe (wie z. B. Wasser) diffundieren leicht – andere Substanzen (z. B. Endprodukte des Stoffwechsels) diffundieren nicht. Es kann also gesagt werden, daß die Tubuluswand bestimmte nützliche Stoffe resorbiert, um sie in das Blut zurückzugeben, während sie andere Substanzen zurückläßt, damit sie als Bestandteile des Urins in die Nierenbecken fließen. Durch die aktive Rückresorption werden die für den Körper wichtigen Stoffe aus dem Urin zurückgenommen, bevor sie die Niere verlassen.

Bitte fahren Sie auf S. 50 mit dem Programm fort.

(von S. 50)

Ihre Antwort: Glucose.

Sie irren sich. Glucose erscheint nicht im Endharn, da sie nahezu vollständig durch aktive Rückresorption von den Tubulusepithelien aus dem Primärharn entfernt wird.

Bitte kehren Sie zu S. 50 zurück und wählen Sie die richtige Antwort zu der Frage aus.

(von S. 50)

Ihre Antwort: Penicillin.

Richtig! Das Erscheinen von bestimmten Substanzen wie Penicillin und anderen körperfremden Stoffen im Endharn ist durch die aktive sekretorische Funktion der Zellen bedingt, die die Tubuluswand bilden. Diese Zellen absorbieren solche körperfremden Stoffe aus dem Blut und sezernieren sie in den Primärharn, damit sie in den Urin aufgenommen und aus dem Körper ausgeschieden werden. Die Zellen sezernieren auch bestimmte Abfall- oder Nebenprodukte des Stoffwechsels wie Kreatinin und Kalium-Ionen. Andere Abfallprodukte erreichen die Nierentubuli als Teil des Primärharns über die *Bowman*sche Kapsel.

Säure-Basen-Gleichgewicht

Im Stoffwechsel werden große Mengen von Säuren als Nebenprodukt gebildet. Diese Säuren haben die Tendenz, das Säure-Basen-Gleichgewicht des Körpers zu stären, bis sie von den Nieren ausgeschieden werden. Um das normale Säure-Basen-Gleichgewicht aufrechtzuerhalten, sezernieren die Zellen der Tubuli größere Mengen von Wasserstoff-Ionen. Dies wird in einem unten folgenden Kapitel noch genau besprochen.

Frage: Was sezernieren die Zellen der Tubuli, um das Säure-Basen-Gleichgewicht aufrecht zu erhalten?

a) Wasserstoff-Ionen → S. 55

b) Hydrogencarbonat-Ionen → S. 56

(von S. 50)

Ihre Antwort: Natrium-Ionen.

Sie irren sich. Natrium-Ionen, die im Endharn erscheinen, sind nur durch Filtration in den Glomeruli zunächst in den Primärharn gelangt. Aus diesem Primärharn werden dann bis zu 99% der Natrium-Ionen durch aktiven Transport wieder rückresorbiert, so daß nur ein sehr kleiner Teil der filtrierten Natrium-Ionen im Endharn erscheint. Diese kleine Menge ist aber in keinem Fall durch aktive Sekretion der Tubuluszellen in den Endharn gelangt.

Bitte kehren Sie zu S. 50 zurück und suchen Sie die richtige Antwort zu der Frage.

(von S. 53)

Ihre Antwort: Wasserstoff-Ionen.

Richtig! Die Sekretion von Wasserstoff-Ionen durch die Zellen des Tubulus hilft bei der Regulierung des Säure-Basen-Gleichgewichts des Körpers. Der Begriff Säure-Basen-Gleichgewicht bezieht sich auf die Aufrechterhaltung der physiologischen Wasserstoff-Ionen-Konzentration in Körperflüssigkeiten. Die Aufrechterhaltung dieser Konzentration ist lebenswichtig, weil schon eine leichte Abweichung von den normalen Bedingungen Veränderungen im chemischen Haushalt der Zelle nach sich zieht – eine Situation, die zum Tode führen kann. Beim Besprechen des Säure-Basen-Gleichgewichts verwenden Sie bitte den Begriff pH. Es ist ein Symbol, das sich auf die Wasserstoff-Ionen-Konzentration einer Lösung bezieht. Es zeigt den sauren oder alkalischen Grad einer Lösung an. Ein pH-Wert von 7 bedeutet eine neutrale Lösung; ein pH-Wert weniger als 7 bedeutet saure, ein pH-Wert größer als 7 alkalische Lösung.

Der physiologische pH-Wert der extrazellulären Flüssigkeit liegt etwas im alkalischen Bereich bei 7,4. Dieser Wert muß sehr genau reguliert werden, da schon geringe Abweichungen im alkalischen Bereich über 7,8 und im sauren Bereich unter 7,0 nicht mehr mit dem Leben vereinbar sind.

Frage: Was bedeutet ein pH-Wert von 7?

a) pH = 7 bedeutet, daß die Flüssigkeit sauer reagiert → S. 57

b) pH = 7 bedeutet, daß die Flüssigkeit alkalisch reagiert → S. 58

c) pH = 7 bedeutet, daß die Flüssigkeit neutral reagiert → S. 59

(von S. 53)

Ihre Antwort: Hydrogencarbonat-Ionen.

Sie irren sich. Die Zellen des Tubulus sezernieren Wasserstoff-Ionen und *nicht* Hydrogencarbonat-Ionen, um das Säure-Basen-Gleichgewicht des Körpers aufrecht zu erhalten.

Bitte schlagen Sie S. 55 auf und fahren Sie mit dem Stoff fort.

(von S. 55)

Ihre Antwort: pH = 7 bedeutet, daß die Flüssigkeit sauer reagiert.

Sie irren sich. Ein pH-Wert von 7 bedeutet *nicht*, daß die Flüssigkeit sauer reagiert. Werte unter 7 bedeuten saure Reaktion einer Lösung.

Bitte schlagen Sie S. 55 auf und wiederholen Sie den vorangegangenen Stoff, bevor Sie fortfahren.

(von S. 55)

Ihre Antwort: pH = 7 bedeutet, daß die Flüssigkeit alkalisch reagiert.

Sie irren sich. Ein pH-Wert von 7 bedeutet *nicht*, daß die Flüssigkeit alkalisch reagiert. Ein pH-Wert größer als 7 bedeutet alkalische Reaktion einer Lösung.

Bitte schlagen Sie S. 55 auf und wiederholen Sie den vorangegangenen Stoff, bevor Sie fortfahren.

(von S. 55)

Ihre Antwort: pH = 7 bedeutet, daß die Flüssigkeit neutral reagiert.

Richtig! Ein pH-Wert von 7 bedeutet Neutralpunkt einer Flüssigkeit (ein pH-Wert unter 7 bedeutet Säure, ein pH-Wert über 7 bedeutet Base).

Die verschiedenen Säuren und Basen des Körpers – ob sie nun über die Resorption im Verdauungstrakt in den Körper kommen oder aus dem intermediären Stoffwechsel stammen – müssen ausgeschieden werden, wenn der pH-Wert des Blutes konstant gehalten werden soll.

Drei Mittel werden vom Körper angewandt, um das zu erreichen: Pufferung, Atmung und die Sekretion der Niere. Letzteres interessiert uns hier.

Die Nieren regulieren das Säure-Basen-Gleichgewicht auf dreierlei Art: a) Sekretion von Wasserstoff-Ionen; b) Ammoniakbildung; c) Resorption von Hydrogencarbonat-Ionen.

Die Sekretion von Wasserstoff-Ionen durch die Tubuluszellen geschieht im Austausch gegen die Resorption von Natrium-Ionen. Der weitaus größte Teil der Wasserstoff-Ionen reagiert im Tubulus mit Hydrogencarbonat zu Kohlensäure. Diese zerfällt in Kohlendioxid und Wasser, die wiederum beide resorbiert werden. Nur ein kleiner Teil der sezernierten Wasserstoff-Ionen verbleibt im Tubuluslumen und führt zum einen zu einer Ansäuerung des Urins, zum anderen werden die Wasserstoff-Ionen in der Tubulusflüssigkeit abgepuffert durch das sezernierte Ammoniak und das filtrierte Hydrogenphoshat.

Frage: Welche Wirkung auf das Blut hat die Sekretion von Wasserstoff-Ionen durch die Tubuluszellen?

a) sie erhöht den pH-Wert des Blutes → S. 60

b) sie erniedrigt den pH-Wert des Blutes → S. 61

(von S. 59)

Ihre Antwort: Sie erhöht den pH-Wert des Blutes.

Richtig! Die Sekretion von Wasserstoff-Ionen durch die Tubuluszellen macht das Blut alkalischer, d. h. erhöht den pH-Wert des Blutes. Ein Teil der sezernierten Wasserstoff-Ionen wird durch das ebenfalls sezernierte Ammoniak gebunden. Ammoniak verbindet sich mit den Wasserstoff-Ionen im Tubulus zu Ammonium-Ionen, die im Urin ausgeschieden werden.

Frage: Welche Fähigkeiten besitzt die Niere, um Wasserstoff-Ionen auszuscheiden?

a) Bildung von Ammonium-Ionen → S. 62

b) Bildung von Natrium-Ionen → S. 63

(von S. 59)

Ihre Antwort: Sie erniedrigt den pH-Wert des Blutes.

Sie irren sich. Die Sekretion von Wasserstoff-Ionen durch die Tubuluszellen (im Austausch gegen Natrium-Ionen) erniedrigt den pH-Wert des Blutes *nicht.* Sie erhöht im Gegenteil den pH-Wert des Blutes. Wie Sie sich vielleicht erinnern, erwähnten wir, daß die Wasserstoff-Ionen-Sekretion der Tubuluszellen im Austausch gegen Natrium-Ionen das Blut stärker alkalisch macht (höherer pH-Wert), während der Urin sauer wird.

Bitte fahren Sie auf S. 60 mit dem Programm fort.

(von S. 60)

Ihre Antwort: Bildung von Ammonium-Ionen.

Richtig! Die Tubuluszellen sezernieren Ammoniak, das sich in der Tubulusflüssigkeit mit Wasserstoff-Ionen zu Ammonium-Ionen verbindet, die dann im Urin ausgeschieden werden.

Um kurz zu wiederholen: Wenn der pH-Wert der Körperflüssigkeit unter seinen Mittelwert absinkt, d. h. wenn die Lösung sauer wird, sezernieren die Tubuluszellen mehr Wasserstoff-Ionen und Ammoniak. Diese Ionen ersetzen Natrium in einem der basischen Salze im Primärharn.

Ein wichtiges Puffersystem in der Körperflüssigkeit ist das Hydrogencarbonat- (Bicarbonat-) Puffersystem. Unter physiologischen Bedingungen wird nahezu alles Bicarbonat, das im Glomerulus filtriert wird, schon im proximalen Tubulus wieder zurückresorbiert und geht damit der Körperflüssigkeit nicht verloren. Steigt die Bicarbonat-Konzentration jedoch über die Normwerte an und wird dadurch die Körperflüssigkeit basisch, bzw. der pH-Wert erhöht, dann wird nicht mehr alles Bicarbonat resorbiert und die Niere scheidet Bicarbonat aus.

Frage: Was geschieht mit dem Bicarbonat, das über die Filtration in die Tubuli gelangt?

a) alles Bicarbonat wird ausgeschieden → S. 64

b) bei normaler Konzentration von Bicarbonat im Plasma wird nahezu alles, überwiegend im proximalen Tubulus, rückresorbiert → S. 65

(von S. 60)

Ihre Antwort: Bildung von Natrium-Ionen.

Sie irren sich. Sollte der Mechanismus der Wasserstoff-Ionen-Sekretion überlastet sein und der pH-Wert des Blutes in den sauren Bereich abgleiten, so bilden die Tubuluszellen Ammoniak, *nicht* Natrium-Ionen. Ammoniak verbindet sich im Tubulus mit den sezernierten Wasserstoff-Ionen zu Ammonium-Ionen. Dadurch können wieder weitere Wasserstoff-Ionen sezerniert werden, so daß im Endeffekt das Blut alkalischer wird.

Bitte überdenken Sie den Stoff auf S. 62, bevor Sie fortfahren.

(von S. 62)

Ihre Antwort: Alles Bicarbonat wird ausgeschieden.

Sie irren sich. Das filtrierte Bicarbonat wird bei normalen Plasmakonzentrationen nahezu vollständig schon im proximalen Tubulus wieder rückresorbiert und nicht ausgeschieden.

Bitte schlagen Sie S. 62 auf und wiederholen Sie den Stoff.

(von S. 62)

Ihre Antwort: Bei normaler Konzentration von Bicarbonat im Plasma wird nahezu alles, überwiegend im proximalen Tubulus, rückresorbiert.

Richtig! Bicarbonat wird nur bei erhöhten Plasmakonzentrationen von der Niere ausgeschieden.

An den verschiedenen vorausgegangenen Fragestellungen haben Sie gesehen, daß die Nierenfunktion auf komplexe Weise das Säure-Basen-Gleichgewicht erhält. Dies wird in erster Linie durch die Sekretion der verschiedenen Säuren, die ständig im intermediären Stoffwechsel gebildet werden, und den Rücktausch von basischen Substanzen erreicht. Das Plasma erreicht die Glomeruli mit einem pH-Wert von 7,4, der Urin kann als niedrigsten pH-Wert den Wert 4,5 erreichen und ist damit eindeutig sauer. Wie Sie sich denken können, steht die Funktion der Nieren bei der Aufrechterhaltung des Säure-Basen-Gleichgewichts in enger Beziehung zu ihrer sonstigen Tätigkeit bei der Aufrechterhaltung der normalen Zusammensetzung und der Menge der Körperflüssigkeiten.

Frage: Der pH-Wert des Blutplasmas, das die Kapillarknäuel (Glomeruli) des Nephrons erreicht, ist.

a) sauer → S. 66

b) alkalisch → S. 68

(von S. 65)

Ihre Antwort: Sauer.

Sie irren sich. Das Blutplasma, das das Kapillarknäuel (Glomerulus) erreicht, ist *nicht* sauer. Ein pH-Wert von 7,4 macht es leicht alkalisch. (Erinnern Sie sich, daß eine neutrale Lösung einen pH-Wert von 7,0 hat.) Die Säuren werden in den Nieren aus dem Blut entfernt und im Urin konzentriert, so daß der pH-Wert des Urins gewöhnlich unter 7,0 liegt und damit der Urin eindeutig sauer ist.

Bitte schlagen Sie S. 68 auf und fahren Sie mit dem Programm fort.

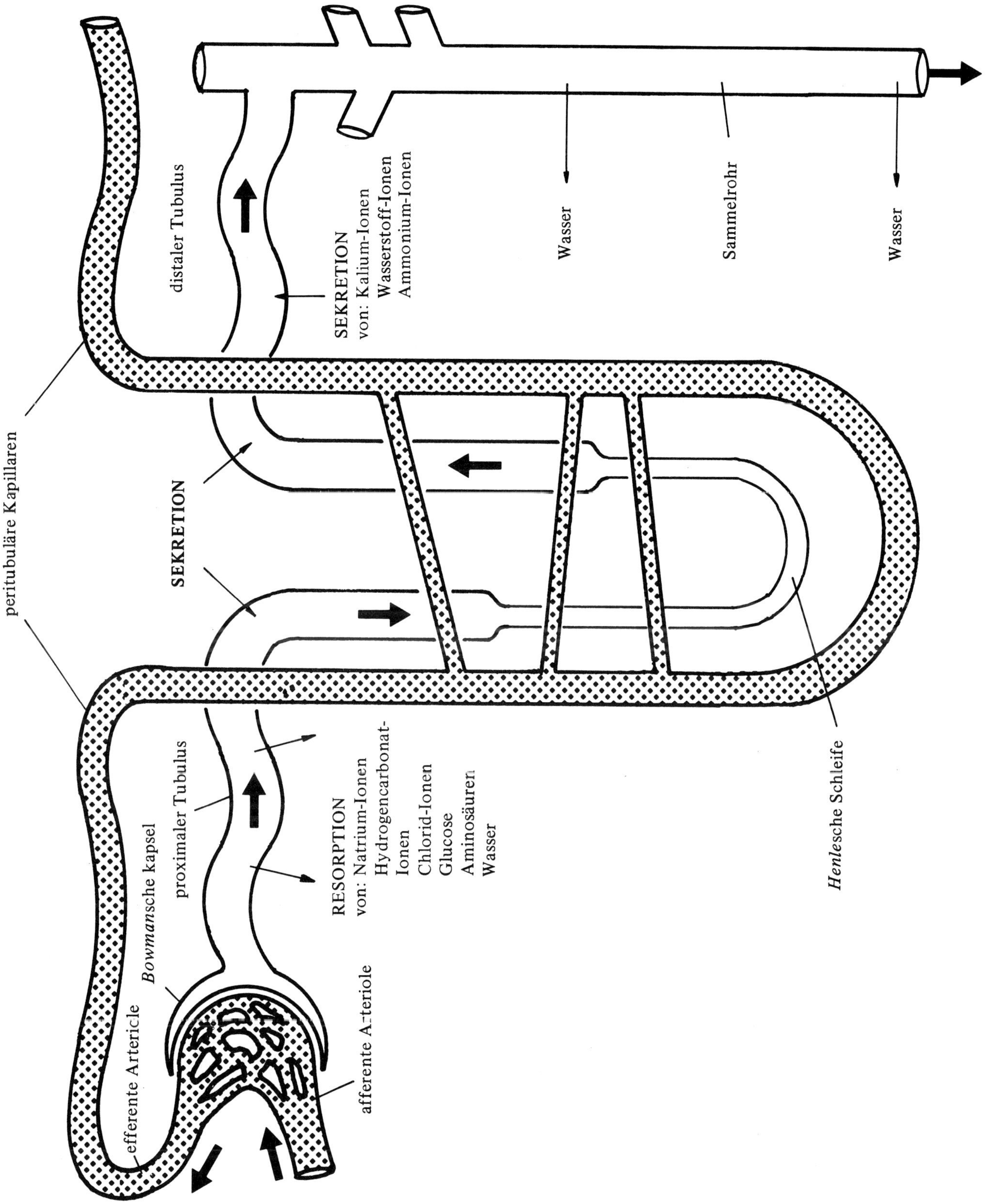

Abb. 9. Funktionen des Nephrons.

(von S. 65)

Ihre Antwort: Alkalisch.

Richtig! Das Blutplasma, das zu den Kapillarknäueln des Nephrons (Glomeruli) gebracht wird, ist alkalisch. Es hat einen pH-Wert von 7,4. Sie werden sich erinnern, daß ein pH-Wert von 7,0 als neutral bezeichnet wird, während ein pH-Wert darüber als alkalisch und ein pH-Wert darunter als sauer bezeichnet wird. Merken Sie sich auch, daß ein Absinken des Blut-pH-Wertes unter 7,0 oder eine Steigerung über 7,8 den raschen Tod bedeuten kann. Ersteres wird als Acidose, letzteres als Alkalose bezeichnet.

Funktion der verschiedenen Teile des Nephrons

Wie in Abb. 9 gezeigt wird, wirken die einzelnen Teile des Nephrons auf verschiedene Art und Weise. In den Kapillaren des Glomerulus werden Wasser und kleine gelöste Substanzen, die die Poren der Glomeruskapillaren passieren können, filtriert. Dies ist das glomeruläre Filtrat (Primärharn). Wenn das Filtrat durch die tubulären Anteile des Nephrons fließt, die als proximaler Tubulus, als *Henle*sche Schleife, und als distaler Tubulus bekannt sind, läuft die Rückresorption durch aktiven Transport und Osmose ab. Natrium-, Kalium- und andere Ionen werden aktiv in die peritubulären Kapillaren, die die Tubuli umspinnen, transportiert; ebenso geschieht es mit Nährstoffen wie Glucose und Aminosäuren. Auch Wasser wird rückresorbiert, jedoch auf dem Wege des passiven Transports (Osmose). Gleichzeitig mit dem aktiven Transport von Natrium-Ionen in die peritubulären Kapillaren diffundieren auch Chlorid-Ionen aus dieser Tubulusregion heraus. So laden positive Natrium-Ionen bei ihrem aktiven Transport zu den peritubulären Kapillaren diese elektropositiv auf, wodurch negative Chlorid-Ionen in gleicher Anzahl wie Natrium-Ionen angezogen und durch die peritubuläre Membran transportiert werden.

Frage: Wie erreichen Natrium-Ionen die peritubulären Kapillaren, die den proximalen Anteil des Tubulus und die *Henle*sche Schleife umspinnen?

a) durch aktiven Transport → S. 69

b) durch Osmose → S. 70

(von S. 68)

Ihre Antwort: Durch aktiven Transport.

Richtig! Natrium-, Kalium- und andere Ionen werden aktiv in die peritubulären Kapillaren transportiert, die den proximalen Anteil des Tubulus und die *Henle*sche Schleife umgeben.

Die Rückresorption von Natrium-, Kalium- und anderen Ionen wird dann in dem distalen Anteil des Tubulus durch aktive Rückresorption fortgesetzt, während gleichzeitig Wasser in die peritubulären Kapillaren durch Osmose eintritt (passiver Transport). Die Zellen des Tubulus sezernieren gleichzeitig Wasserstoff-Ionen und bestimmte stickstoffhaltige Nebenprodukte des intermediären Stoffwechsels (sowie Arzneimittel, Farbstoffe und Gifte).

Frage: Welche der folgenden Funktionen werden von den Zellen des Tubulus ausgeführt?

a) aktiver Transport von Wasser zu den peritubulären Kapillaren → S. 71

b) Sekretion von Wasserstoff-Ionen und stickstoffhaltigen Nebenprodukten des intermediären Stoffwechsels in die Tubuli → S. 72

(von S. 68)

Ihre Antwort: Durch Osmose.

Sie irren sich. Natrium-Ionen erreichen die peritubulären Kapillaren, welche die Tubuli und die *Henle*sche Schleife umspinnen, *nicht* durch Osmose. Natrium- und andere Ionen werden aktiv durch Trägermoleküle transportiert. Sie verwechseln anscheinend Natriumtransport mit Wassertransport, der durch Osmose abläuft (passiver Transport).

Bitte schlagen Sie S. 69 auf und fahren Sie mit dem Programm fort.

(von S. 69)

Ihre Antwort: Aktiver Transport von Wasser zu den peritubulären Kapillaren.

Sie irren sich. Wasser wird zu den peritubulären Kapillaren auf dem Weg der Osmose transportiert (passiver Transport), *nicht* durch aktiven Transport. Ihre Antwort hätte aussagen müssen, daß die Zellen des Tubulus Wasserstoff-Ionen und stickstoffhaltige Nebenprodukte des intermediären Stoffwechsels in die Tubuli sezernieren.

Bitte schlagen Sie S. 72 auf und fahren Sie mit dem Programm fort.

(von S. 69)

Ihre Antwort: Sekretion von Wasserstoff-Ionen und stickstoffhaltigen Nebenprodukten des intermediären Stoffwechsels in die Tubuli.

Richtig! Die Zellen des Tubulus sezernieren Wasserstoff-Ionen und stickstoffhaltige Nebenprodukte in die Tubuli, genauso wie sie verschiedene Medikamente, Farbstoffe und Gifte sezernieren, die der Körper aufgenommen hat.

Regulierung der Urinmenge

Ein Hormon, das aus der Neurohypophyse (Hypophysenhinterlappen) freigesetzt wird – man nennt es antidiuretisches Hormon (ADH) – bestimmt, wieviel Wasser in das Blut zurückgenommen wird. Bei einem erhöhten ADH-Spiegel werden erhöhte Wassermengen von den distalen Tubuli und Sammelrohren rückresorbiert, und so wird das Urinvolumen verringert (bei gleichzeitiger Erhöhung der Urinkonzentration). Beim gesunden Menschen ist die Urinmenge relativ konstant (ungefähr 1500 ml pro Tag), aber sie verändert sich in Abhängigkeit von der aufgenommenen Flüssigkeitsmenge, der abgegebenen Schweißmenge und anderen Faktoren.

Frage: Bei erhöhter Konzentration des antidiuretischen Hormons (ADH) ist die Konzentration des Urins

a) erhöht → S. 73

b) verringert → S. 74

(von S. 72)

Ihre Antwort: Erhöht.

Richtig! Bei erhöhter Konzentration von antidiuretischem Hormon (ADH) wird eine größere Menge Wasser durch die Sammelrohre rückresorbiert, so daß das Urinvolumen insgesamt verringert wird. Das wiederum erhöht die Konzentration des Urins.

Urinbildung

Wie auf den vorausgegangenen Seiten erläutert, basiert die Urinbildung durch das Nephron auf drei grundsätzlichen Vorgängen: der glomerulären Filtration, der tubulären Rückresorption und der tubulären Sekretion. Das Volumen des Endprodukts dieser Vorgänge – des Urins – beträgt pro Tag durchschnittlich 1500 ml. Urin besteht zu ungefähr 90% aus Wasser, die restlichen 10% setzen sich aus Salzen, Giften, Farbstoffen, Hormonen und Abbauprodukten aus dem Eiweißstoffwechsel (stickstoffhaltige Substanzen) zusammen.

Frage: Was ist mengenmäßig der Hauptbestandteil des Urins?

a) Abbauprodukte → S. 75

b) Wasser → S. 77

c) gelöste Substanzen → S. 78

(von S. 72)

Ihre Antwort: Verringert.

Sie irren sich. Wenn die Konzentration des antidiuretischen Hormons (ADH) im Blut ansteigt, resorbieren die Sammelrohre eine erhöhte Wassermenge. Das wiederum verringert die gebildete Urinmenge, zur gleichen Zeit jedoch erhöht sich die Konzentration des Urins. Es ist eine ähnliche Situation, wie wenn sie eine Schüssel, die mit einer schwachen Salzlösung gefüllt ist, an einem heißen Sommertag ins Freie stellen. In einer kurzen Zeit verdampft ein Großteil des Lösungsmittels (d. h. das Volumen wird verringert), während sich die Salz-Konzentration in der zurückgebliebenen Lösung stark erhöht. Damit soll natürlich nicht gesagt werden, daß Verdampfung und Resorption gleiche Vorgänge seien. Es soll lediglich veranschaulicht werden, daß eine Verringerung der Menge des Lösungsmittels mit einer Konzentrationssteigerung in der zurückbleibenden Lösung einhergeht.

Bitte schlagen Sie S. 73 auf und fahren Sie mit dem Programm fort.

(von S. 73)

Ihre Antwort: Abbauprodukte.

Sie irren sich. Wenn auch der Urin Abbauprodukte – besonders solche aus dem Eiweißstoffwechsel – enthält, machen diese doch nur einen sehr geringen Prozentsatz des gesamten Urinvolumens aus.

Bitte schlagen Sie S. 73 auf und wiederholen Sie den Stoff, bevor Sie versuchen, die richtige Antwort auszuwählen.

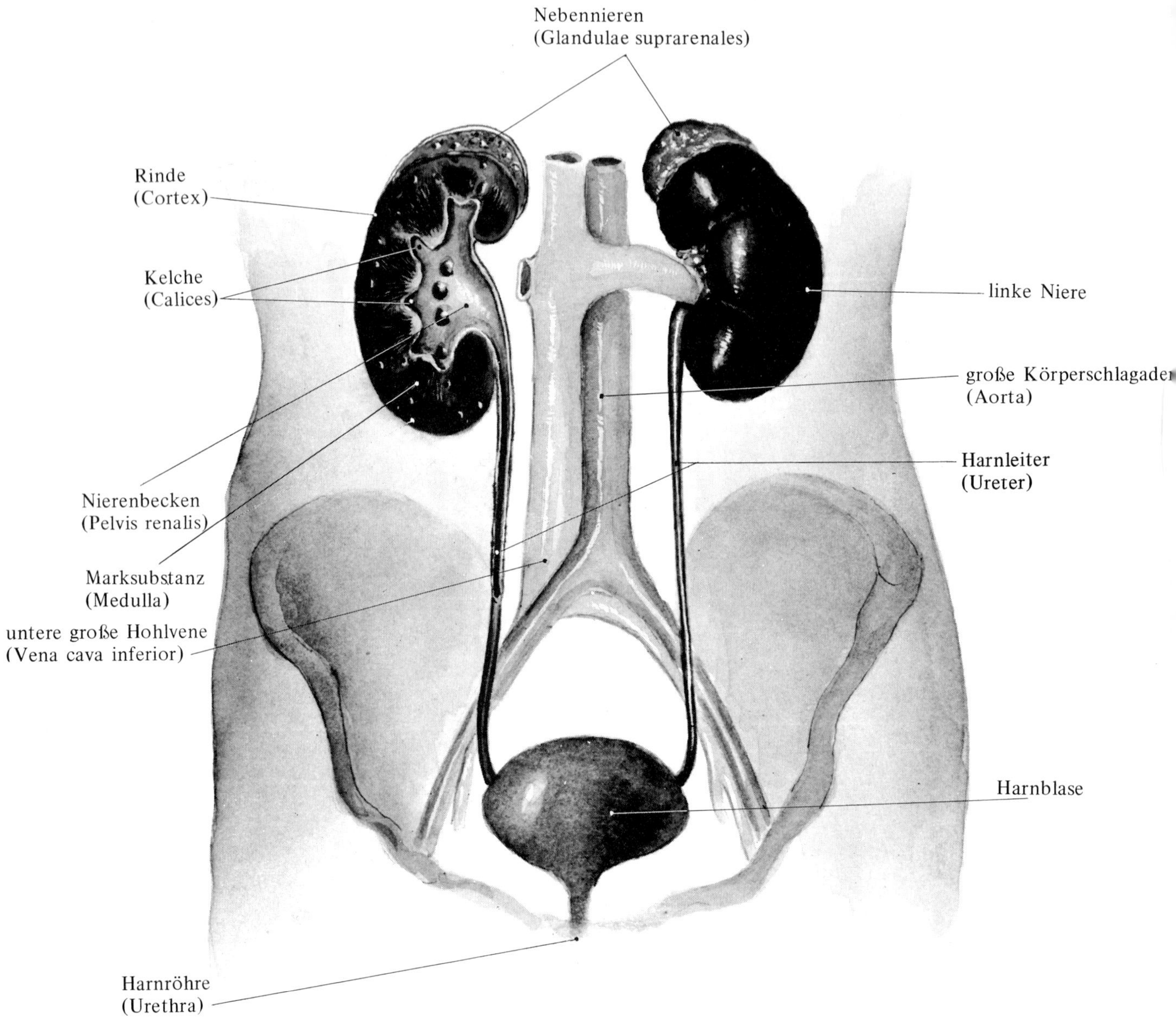

Abb. 10. Die Beziehung der Harnleiter zu den anderen Teilen des Harnsystems.

(von S. 73)

Ihre Antwort: Wasser.

Richtig! Die wäßrige Lösung von organischen und anorganischen Stoffen, die Urin genannt wird, besteht zu 90% aus Wasser. Die restlichen 10% bestehen aus Salzen, Giften, Farbstoffen, Hormonen und Abbauprodukten des Stoffwechsels.

Die Harnleiter (Ureteren)

Die Harnleiter sind dünne, etwa 30 cm lange Schläuche, die Urin vom Nierenbecken zur Harnblase transportieren. Wie Sie in Abb. 10 sehen, vergrößert sich jeder Harnleiter in ein trichterförmiges Becken, das Nierenbecken (Pelvis renalis) genannt wird, wenn er die Niere erreicht. Das Nierenbecken läuft in mehrere Arme aus, die Kelche (Calices) heißen. In jeden Kelch ragt eine Nierenpapille hinein. Der durch das Nephron gebildete Urin erreicht über die Sammelrohre und deren Öffnungen auf der Papillenspitze die Kelche, dann das Nierenbecken und durch den Harnleiter die Harnblase.

Frage: Wo befinden sich die Öffnungen der Sammelrohre, durch die der Urin die Kelche erreicht?

a) auf den Nierenpapillen → S. 79

b) im Nierenbecken → S. 80

(von S. 73)

Ihre Antwort: Gelöste Substanzen.

Sie irren sich. Die wäßrige Lösung von organischen und anorganischen Stoffen, die Urin genannt wird, besteht nicht in der Hauptsache aus gelösten Substanzen. In der täglichen Urinmenge von ungefähr 1500 ml befinden sich nur etwa 60 g gelöste Substanzen.

Bitte schlagen Sie S. 73 auf und wiederholen Sie den aufgeführten Stoff, bevor Sie die richtige Antwort auswählen.

(von S. 77)

Ihre Antwort: Auf den Nierenpapillen.

Richtig! Der vom Nephron gebildete Urin erreicht über die Sammelrohre und deren Öffnungen auf den Papillen die Kelche. Von den Kelchen läuft er in das Nierenbecken und herunter durch den Harnleiter in die Harnblase.

Aufbau und Funktion der Harnleiter

Die Wände der Harnleiter bestehen aus 3 Schichten: einer inneren Schleimhautauskleidung, einer mittleren Schicht aus glatter Muskulatur und einer äußeren bindegewebigen Schicht. Durch Kontraktion der Muskelschicht entstehen peristaltische Wellen (1 bis 5 pro Minute), die am Nierenbecken beginnen und in der Harnblase enden. Sie tragen so zur Ableitung des Urins in die Harnblase bei. An dem Punkt, wo die Harnleiter die Harnblase erreichen, nimmt eine Schleimhautfalte dic Funktion eines Ventils wahr, um den Rückfluß des Urins in den Ureter zu verhindern.

Frage: Durch welchen wesentlichen Mechanismus wird der Urin vom Nierenbecken in die Harnblase gebracht?

a) durch die Schwerkraft (haltungsabhängige Drainage) → S. 81

b) durch peristaltische Bewegungen der glatten Muskulatur in der Harnleiterwand → S. 83

(von S. 77)

Ihre Antwort: Im Nierenbecken.

Sie irren sich. Der vom Nephron sezernierte Urin gelangt von den Sammelrohren *nicht* über Öffnungen im Nierenbecken in die Kelche. Die erwähnten Öffnungen befinden sich auf den Nierenpapillen.

Um zu wiederholen: An der Stelle, an der der Harnleiter die Niere erreicht, weitet sich sein oberes Ende trichterförmig aus, wodurch das Nierenbecken entsteht. Dieses vergrößerte Gebilde geht dann in mehrere Arme, die Kelche, über. Jeder von ihnen enthält eine Nierenpapille. Vom Nephron gebildeter Urin läuft durch Öffnungen auf den Papillen aus den Sammelrohren in die Kelche. Von den Kelchen läuft der Urin in das Nierenbecken und von dort durch den Harnleiter in die Harnblase.

Bitte schlagen Sie S. 79 auf und fahren Sie mit dem Programm fort.

(von S. 79)

Ihre Antwort: Durch die Schwerkraft (haltungsabhängige Drainage).

Sie irren sich. Der Urin erreicht *nicht* in erster Linie vom Nierenbecken aus die Harnblase durch Schwerkraft (haltungsabhängige Drainage). Statt dessen kommen durch die Kontraktionen der glatten Muskulatur des Harnleiters peristaltische Wellen zustande, die den Urin herunter in die Harnblase bringen (1 bis 5 peristaltische Wellen pro Minute).

Bitte schlagen Sie S. 83 auf und fahren Sie mit dem Programm fort.

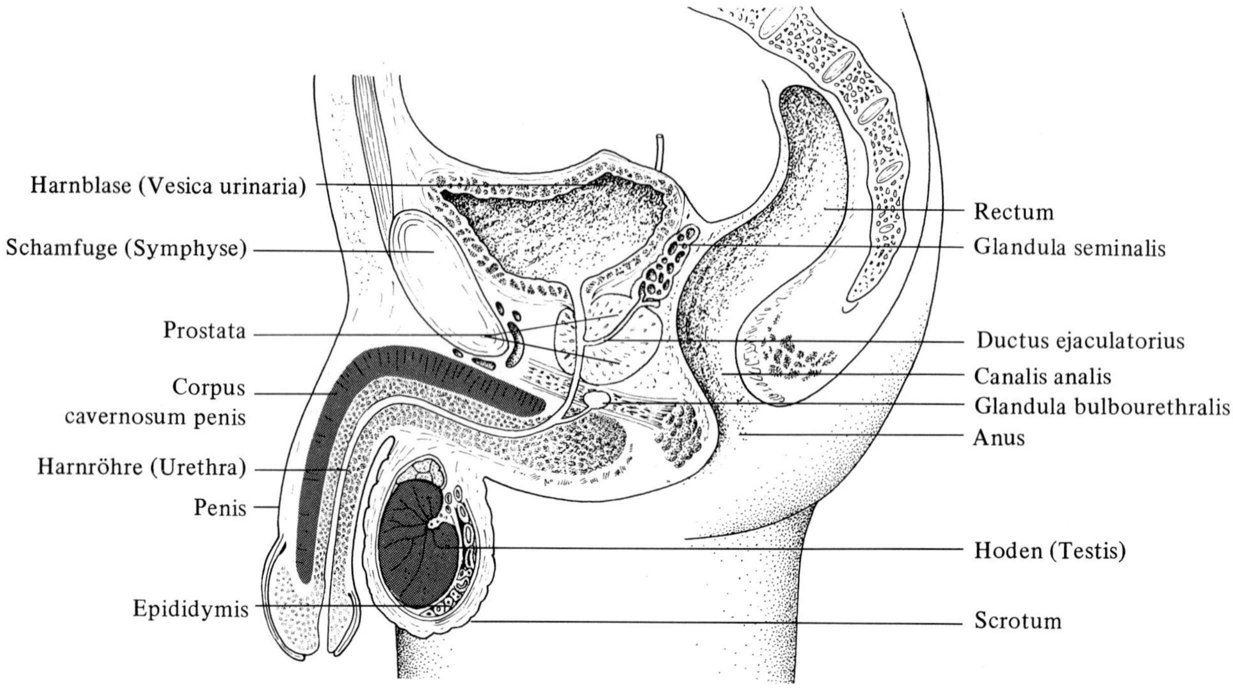

a) männlich

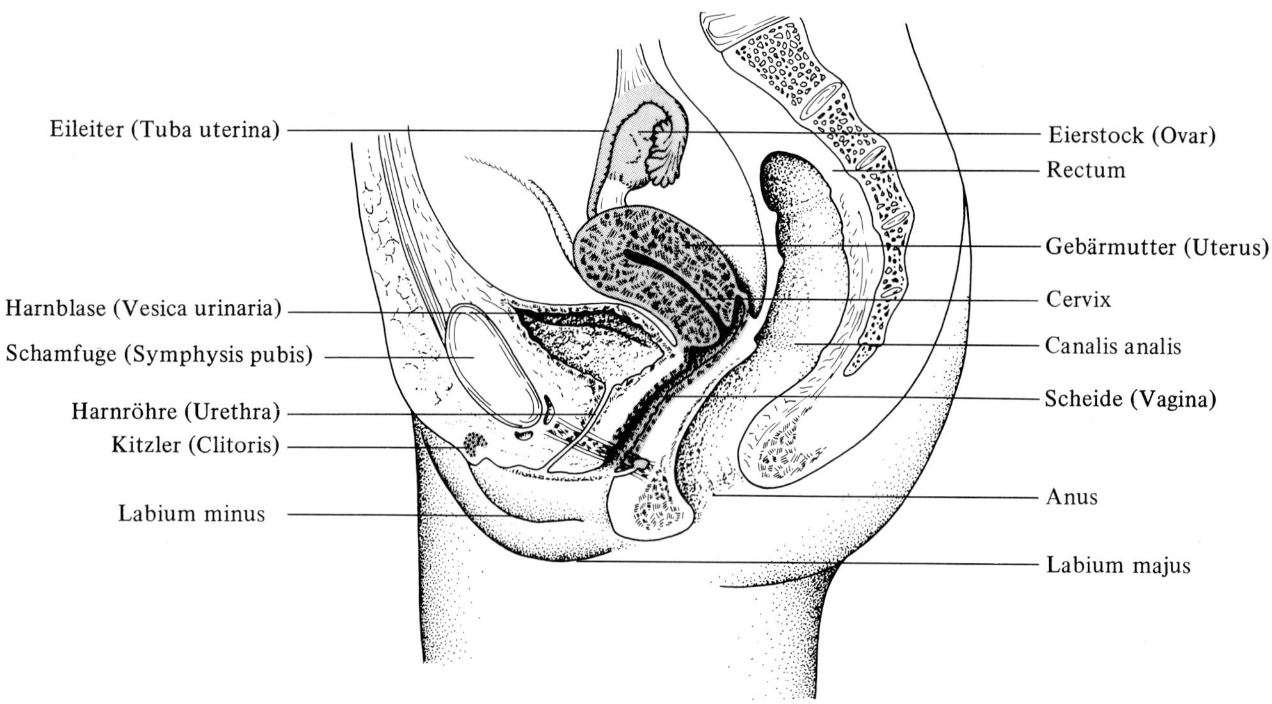

b) weiblich

Abb. 11. Beziehung der Harnblase zu anderen Organen des Bauchraumes.

(von S. 79)

Ihre Antwort: Durch peristaltische Bewegungen der glatten Muskulatur in der Harnleiterwand.

Richtig! Der Urin gelangt durch die peristaltische Bewegung der glatten Muskulatur der Harnleiterwand durch den Harnleiter in die Harnblase.

Harnblase (Vesica urinaria)

Die Harnblase ist ein Behälter, der hinter der Schamfuge (Symphyse) liegt. Vom Rectum wird er beim Mann teilweise durch die Samenbläschen und bei der Frau durch den Uterus getrennt (s. Abb. 11). Die Wand der Harnblase ist aus 4 Schichten zusammengesetzt. Bei der inneren Schicht beginnend sind dies: a) Schleimhaut (die in Falten gelegt ist, wenn die Blase leer ist); b) Submucosa; c) Muskelschicht, die den Detrusor vesicae bildet (er besteht aus einer inneren Längsschicht, einer mittleren zirkulären Schicht und einer äußeren Längsschicht aus Muskelfasern); d) einer bindegewebigen Schicht, der zur Bauchhöhle hin eine Serosa (Peritoneum) aufsitzt. Damit ist der obere gerundete Anteil der Blase (Fundus) vom Peritoneum bedeckt. Die Aufbaumerkmale der Blase – elastische Muskelwände und Schleimhautfalten – erlauben eine beträchtliche Ausdehnung.

Frage: Die Muskelschicht in der Wand der Blase bildet welche der folgenden Strukturen?

a) das Trigonum vesicae → S. 84

b) den Detrusor vesicae → S. 86

(von S. 83)

Ihre Antwort: Das Trigonum vesicae.

Sie irren sich. Der Muskel im Bereich des Trigonum vesicae stellt *nicht* die muskuläre Wand der Harnblase dar. Die Antwort hätte heißen müssen: den Detrusor vesicae. Wie Sie auf der nächsten Seite sehen werden, ist der Muskel im Bereich des Trigonum vesicae ein kleines dreieckiges Gebiet in der Nähe der Harnblasenmündung, welches sich in beide Harnleiter und in die Harnröhre öffnet.

Bitte schlagen Sie S. 86 auf und fahren Sie mit dem Programm fort.

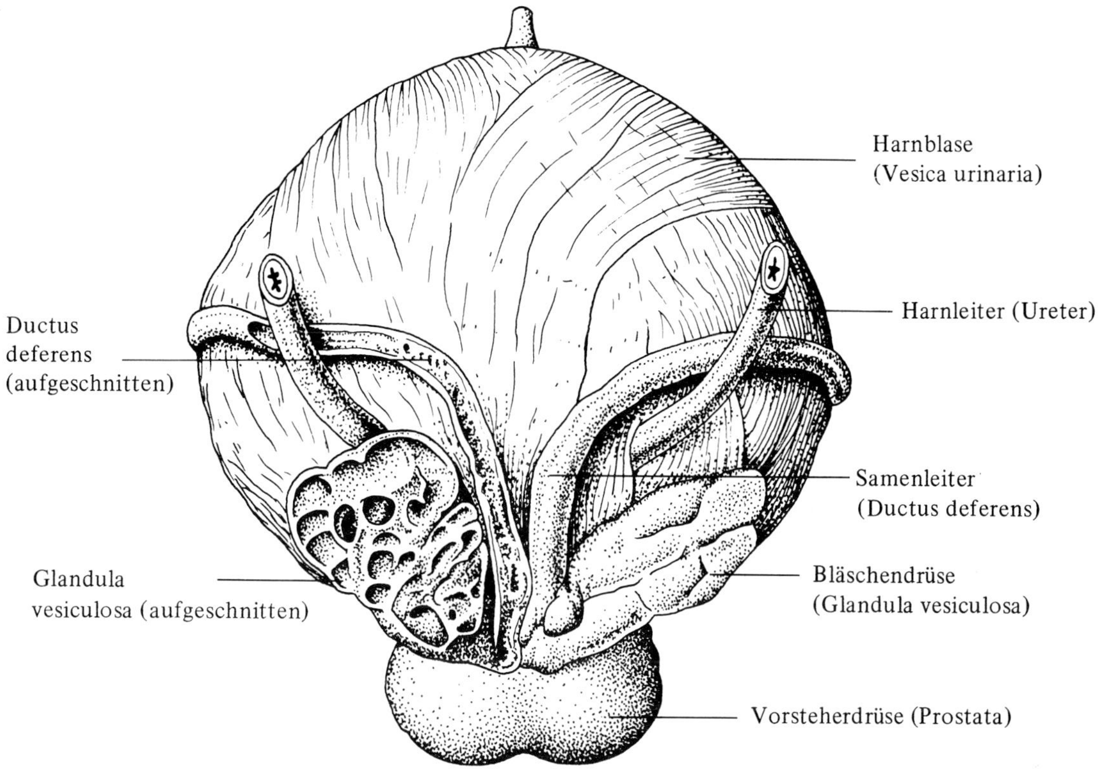

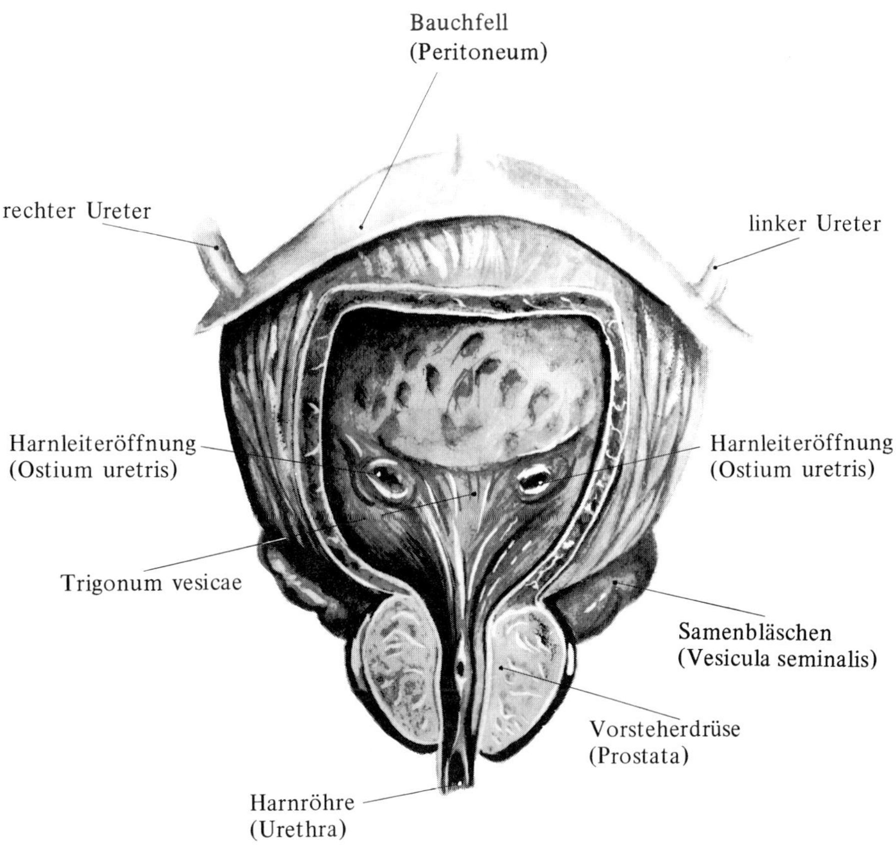

innere Ansicht der männlichen Harnblase

Abb. 12. Die männliche Harnblase.

(von S. 83)

Ihre Antwort: Den Detrusor vesicae.

Richtig! Der Detrusor vesicae stellt die Muskelschicht der Harnblasenwand dar. Es ist ein Sammelname für die drei Muskelschichten glatter Muskulatur, die die Harnblasenwand bilden.

Die Harnblase hat an ihrem unteren Teil, dem Blasenhals, drei Öffnungen. Durch zwei entleeren die Harnleiter den Urin in die Blase, die dritte mündet in die Harnröhre. Die Harnleiter münden in den hinteren Winkel einer Mulde, die Blasendreieck (Trigonum vesicae) genannt wird. Die Harnröhre beginnt am unteren vorderen Winkel des Trigonum vesicae. Die zirkulär verlaufenden Muskelfasern, die die mittlere Schicht der muskulären Wand der Harnblase ausmachen, verdicken sich am Beginn der Harnröhre und bilden so den Sphincter internus (s. Abb. 12).

Frage: An welcher Stelle der Harnblase befindet sich der Sphincter internus?

a) am Beginn der Harnröhre → S. 87

b) an der Einmündung der Harnleiter → S. 88

(von S. 86)

Ihre Antwort: Am Beginn der Harnröhre.

Richtig! Der Sphincter internus liegt am Beginn der Harnröhre. Er besteht aus einer Verstärkung der zirkulär verlaufenden Muskelfasern, die die mittlere Schicht der muskulären Harnblasenwand bilden.

Die Harnblase hat zwei Funktionen: Sie dient als Sammelbehälter für Urin, und mit Hilfe der Urethra entleert sie den Urin aus dem Körper. Ihr Fassungsvermögen schwankt beträchtlich; normalerweise faßt die Harnblase eines Erwachsenen etwa 1 Liter. Lange bevor jedoch dieses Volumen erreicht ist, verspürt man Harndrang. Wenn eine Ansammlung von 300–400 ml überschritten wird, besteht Harndrang, der nur durch Miktion aufgehoben werden kann.

Frage: Wieviel Urin kann die Harnblase eines Erwachsenen normalerweise fassen?

a) ungefähr 400 ml → S. 89

b) ungefähr 1000 ml → S. 91

(von S. 86)

Ihre Antwort: An der Einmündung der Harnleiter.

Sie irren sich. Der Sphincter internus befindet sich *nicht* an der Einmündung der Harnleiter. Er befindet sich vielmehr am Ursprung der Harnröhre, wo er durch verstärkte Muskelfasern der zirkulären Muskelschicht, die die mittlere Schicht der Blasenmuskulatur darstellt, gebildet wird.

Bitte schlagen Sie S. 87 auf und fahren Sie mit dem Programm fort.

(von S. 87)

Ihre Antwort: Ungefähr 400 ml.

Sie irren sich. Das Fassungsvermögen der Blase eines Erwachsenen beträgt *nicht* 400 ml, wie Sie geantwortet haben. Wenn auch das Fassungsvermögen der Harnblase weitgehend schwankt, faßt die Harnblase eines Erwachsenen doch ein weit größeres Volumen von etwa 1000 ml. Sie haben anscheinend das Gesamtfassungsvermögen (1000 ml) mit der Menge, die zum Harndrang führt, verwechselt (300–400 ml).

Bitte schlagen Sie S. 91 auf und fahren Sie mit dem Programm fort.

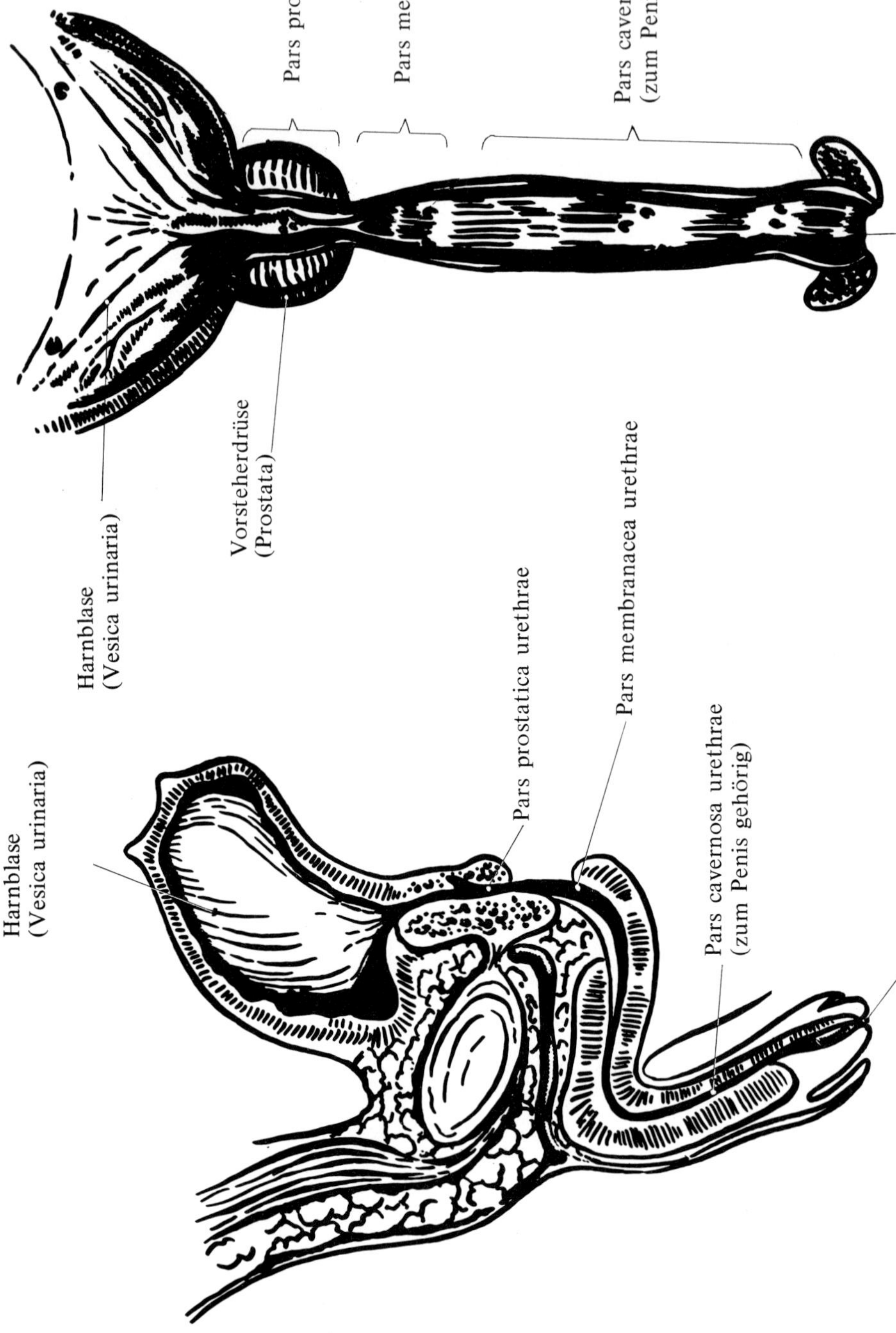

Abb. 13. Beziehung der männlichen Harnröhre zu anderen Teilen des Harnsystems.

(von S. 87)

Ihre Antwort: Ungefähr 1000 ml.

Richtig! Wenn auch das Fassungsvermögen der Harnblase weitgehend schwankt, so kann doch die normale Harnblase eines Erwachsenen etwa 1000 ml aufnehmen. Eine Ansammlung von etwa 400 ml jedoch führt schon zum Harndrang.

Männliche Harnröhre (Urethra masculina)

Die Urethra ist ein röhrenförmiges Gebilde, das den Urin aus der Harnblase nach außen führt. Die männliche Harnröhre (s. Abb. 13) ist annähernd 20 cm lang und in drei Anteile unterteilt: Pars prostatica, die Pars membranacea und die Pars cavernosa. Die Wand der Urethra besteht aus zwei Schichten – einer inneren Schleimhautschicht (Mukosa) und einer äußeren Bindegewebschicht. Die Ductus ejaculatorii (die von den Samenleitern, in die auch die Samenblasen einmünden, kommen) münden in die Pars prostatica der Urethra. So dient der Teil der Harnröhre, der distal vor dieser Öffnung liegt, sowohl als Weg für Samenflüssigkeit und Prostatasekret als auch für Urin.

Frage: In welchen Anteil der Harnröhre münden die Ductus ejaculatorii?

a) in die Pars prostatica → S. 93

b) in die Pars membranacea → S. 94

c) in die Pars cavernosa → S. 95

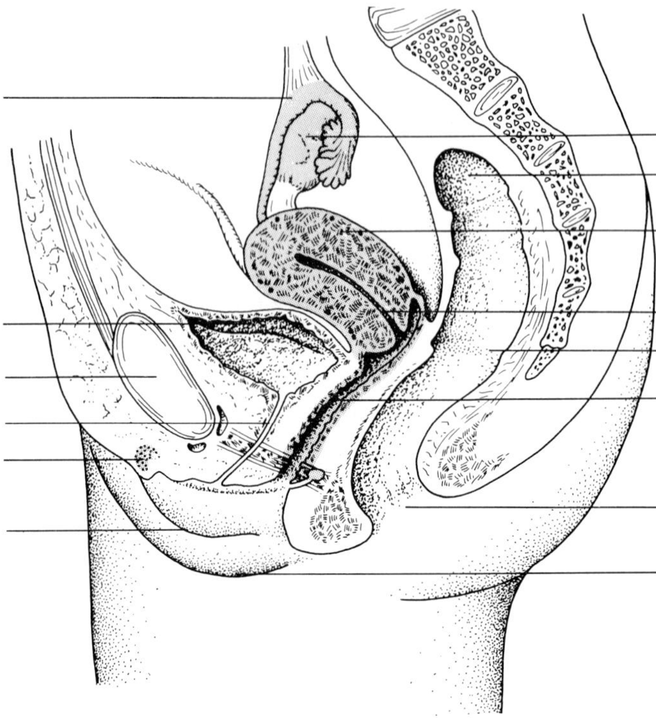

Abb. 14. Beziehung der weiblichen Harnröhre zu anderen Teilen des Harnsystems.

(von S. 91)

Ihre Antwort: In die Pars prostatica.

Richtig! Die Ducuts ejaculatorii münden in die Pars prostatica der Harnröhre. Distal dieser Öffnungen dient die Harnröhre einem doppelten Zweck, d. h. als Weg für Samenflüssigkeit und für Urin.

Weibliche Harnröhre (Urethra feminina)

Im Gegensatz zur männlichen Harnröhre (die etwa 20 cm lang ist) ist die weibliche Harnröhre weniger als 5 cm lang. Bei Frauen reicht die Harnröhre von der Harnblase zum Orificium externum der Urethra oder zur Harnröhrenöffnung, die sich zwischen der Clitoris und der Vaginalöffnung befindet (s. Abb. 14).

Die Wände der weiblichen Harnröhre bestehen aus drei Schichten: a) einer inneren Schleimhaut; b) einer mittleren schwammartigen Schicht (sie enthält ein Venengeflecht); c) einer äußeren Muskelschicht. Die Auskleidung der weiblichen Harnröhre ist hormonellem Einfluß unterworfen (wie die Vaginalschleimhaut). Die Harnröhrenöffnung, die unzureichend gegen vaginale, uterine und rectale Verunreinigungen geschützt ist, ist oft entzündlichen Reizungen und mikrobiellen Besiedelungen ausgesetzt.

Frage: Was unterscheidet die männliche und weibliche Harnröhre, abgesehen von der Länge?

a) die männliche Harnröhre ist hormonellem Einfluß ausgesetzt, während die weibliche Harnröhre nicht durch Hormone beeinflußt wird → S. 96

b) die männliche Harnröhre dient zwei Funktionen (der Urin- und Samenleitung), während die weibliche Harnröhre nur zur Urinausscheidung dient → S. 97

(von S. 91)

Ihre Antwort: In die Pars membranacea.

Sie irren sich. Die Ductus ejaculatorii münden *nicht* in die Pars membranacea der Harnröhre.

Bitte schlagen Sie S. 91 auf und überlegen Sie den besprochenen Stoff, so daß Sie die richtige Antwort finden können.

(von S. 91)

Ihre Antwort: In die Pars cavernosa.

Sie irren sich. Die Ductus ejaculatorii münden *nicht* in die Pars cavernosa der Urethra. Die Pars cavernosa der Urethra ist der Teil, der im Penis verläuft.

Bitte schlagen Sie S. 91 auf und überlegen Sie den besprochenen Stoff, so daß Sie die richtige Antwort finden können.

(von S. 93)

Ihre Antwort: Die männliche Harnröhre ist hormonellem Einfluß ausgesetzt, während die weibliche Harnröhre nicht durch Hormone beeinflußt wird.

Sie irren sich. Es ist die *weibliche* Harnröhre, die einem hormonellem Einfluß ausgesetzt ist, nicht – wie Sie sagen – die männliche. Dies ist jedoch nicht das wichtigste Unterscheidungsmerkmal. Ihre Antwort müßte heißen, daß die männliche Harnröhre eine doppelte Funktion wahrnimmt (den Transport von Urin und Samen), während die weibliche Harnröhre nur zur Urinausscheidung dient.

Bitte fahren Sie auf S. 97 mit dem Programm fort.

(von S. 93)

Ihre Antwort: Die männliche Harnröhre dient zwei Funktionen (der Urin- und Samenleitung), während die weibliche Harnröhre nur zur Urinausscheidung dient.

Richtig! Die Samenflüssigkeit wird durch die männliche Harnröhre geleitet (nachdem sie durch die Ductus ejaculatorii dorthin gelangt ist), so daß die männliche Harnröhre demnach eine zweifache Funktion hat.

Miktion (Harnlassen)

Wenn die Urinmenge in der Harnblase 300 bis 400 ml erreicht hat, verspüren die meisten Menschen Harndrang. Dies wird hervorgerufen durch den erhöhten Innendruck der Harnblase, der die Rezeptoren in der Blasenwand erregt; diese wiederum senden eine sensible Erregung zum Rückenmark. Dort werden die parasympathischen Nerven erregt, die die Muskulatur der Harnblase versorgen und so eine Kontraktion der Blasenwand einleiten. Gleichzeitig erschlafft der Sphincter internus, der den Ausführungsgang der Harnblase verschließt, so daß der angesammelte Urin abfließen kann. Wenn der Mensch nicht Urin lassen will, so kann der Sphincter externus, der die Urethra umschließt, willkürlich geschlossen werden. Die willkürliche Kontrolle über das Harnlassen kann jedoch nur so lange aufrechterhalten werden, wie der Druck in der Harnblase weniger als 100 cm Wassersäule beträgt. Wenn der Druck diesen Wert übersteigt, erfolgt unwillkürlich das Harnlassen.

Frage: Welcher Sphincter des Harntraktes unterliegt willkürlicher Kontrolle?

a) der Sphincter internus → S. 98

b) der Sphincter externus → S. 100

(von S. 97)

Ihre Antwort: Der Sphincter internus.

Sie irren sich. Der Sphincter internus unterliegt *nicht* willkürlicher Kontrolle. Er steht unter unwillkürlicher Kontrolle und öffnet den Durchgang zwischen Blase und Harnröhre (er öffnet, wenn die Harnblase sich unter dem Einfluß des parasympathischen Nervensystems zu kontrahieren beginnt). Ihre Antwort hätte heißen müssen: Sphincter externus. Der Sphincter externus kann willkürlich geschlossen gehalten werden, bis in der Blase ein Druck von 100 cm H_2O erreicht wird.

Bitte schlagen Sie S. 100 auf und fahren Sie mit dem Programm fort.

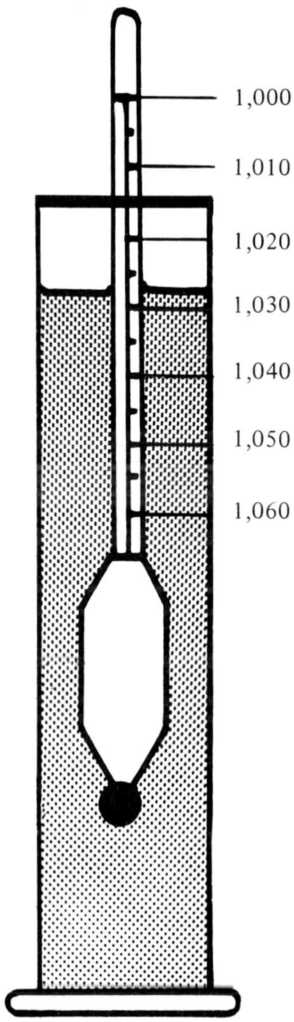

Abb. 15. Bestimmung der Dichte des Urins mit Hilfe des Urometers.

(von S. 97)

Ihre Antwort: Der Sphincter externus.

Richtig! Der Sphincter externus steht unter willkürlicher Kontrolle und kann die Urethra verschließen, wenn kein Urin gelassen werden soll.

Urin

Der frisch gelassene Urin ist eine klare, hellgelbe Flüssigkeit, die einen aromatischen Geruch hat. Wenn er länger steht, wird er trüb und entwickelt stechenden Ammoniakgeruch (bedingt durch die Umwandlung des Harnstoffs in Ammoniak). Der pH-Wert des Urins schwankt von etwa 4,6 bis 8 – vom sauren zum alkalischen. Das spezifische Gewicht liegt zwischen 1,003 und 1,030. Etwa 60 g gelöste Substanzen sind in der täglichen Urinmenge von etwa 1200 ml enthalten. Fast die Hälfte der gelösten Substanzen ist Harnstoff, der Rest Kreatinin, Natriumchlorid und andere organische und anorganische Stoffe.

Physikalische Eigenarten des Urins wie Farbe, Menge, Dichte (spez. Gewicht) sind auch bei der Diagnostik von Erkrankungen wichtig. Wie man das spezifische Gewicht des Urins feststellt, wird in Abb. 15 gezeigt.

Frage: Welches der beiden folgenden stellt das wesentliche Abfallprodukt im frisch gelassenen Urin dar?

a) Harnstoff → S. 102

b) Kreatinin → S. 103

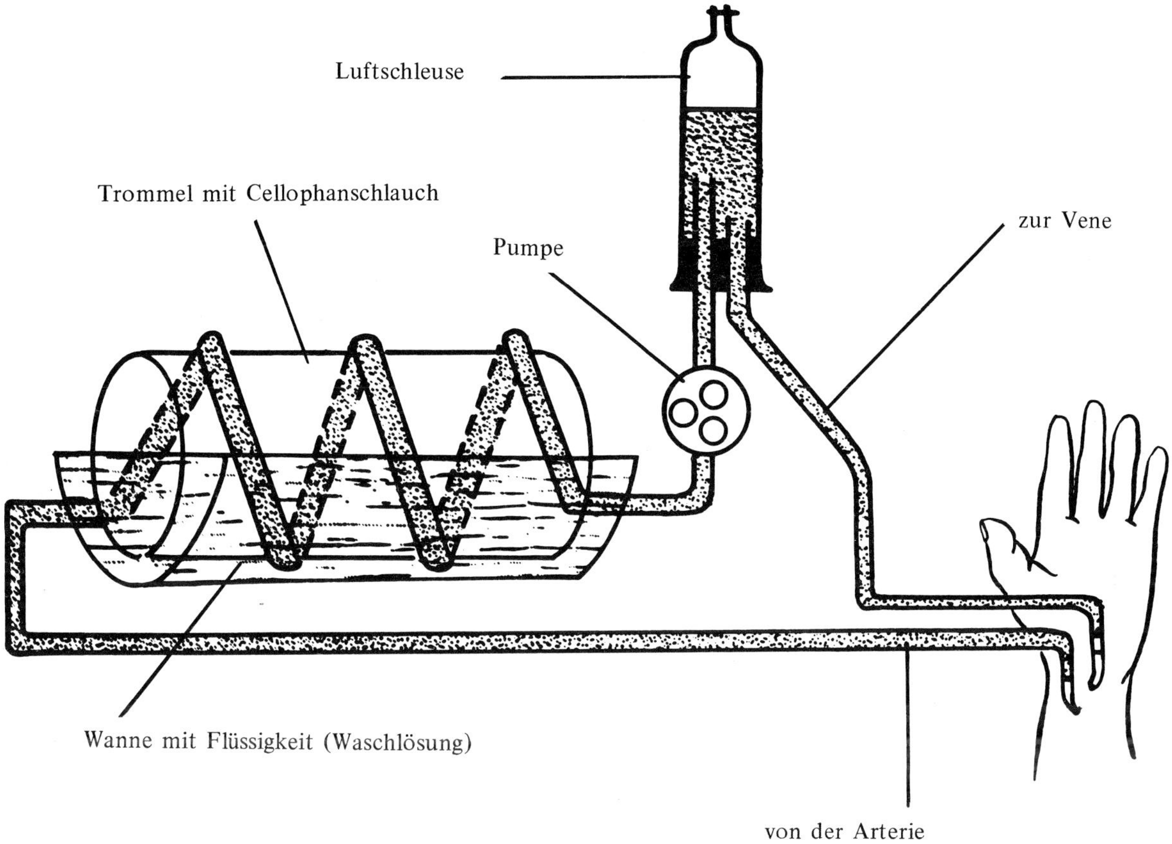

Abb. 16. Die künstliche Niere.

(von S. 100)

Ihre Antwort: Harnstoff.

Richtig! Etwa die Hälfte der gelösten Substanzen im frisch gelassenen Urin (60 g) ist Harnstoff – er ist das Hauptabfallprodukt im Urin. Der Rest besteht aus Kreatinin, Natriumchlorid und anderen organischen und anorganischen Stoffen.

Dialyse

In manchen Fällen von Nierenversagen kann eine künstliche Niere zur Erhaltung des Lebens zur Hilfe genommen werden. Ein solches Gerät wird in Abb. 16 gezeigt.

Die künstliche Niere arbeitet nach dem Prinzip der Dialyse. Es ist dies der Vorgang, bei dem Kristalloide und Kolloide (Teilchen, die größer sind als Kristalloide) in einer Lösung aufgrund ihrer verschiedenen Diffusionsgeschwindigkeit durch eine semipermeable Membran getrennt werden. Kristalloide durchdringen eine solche Membran sehr schnell. Kolloide durchdringen sie, wenn überhaupt, nur langsam. Bei der künstlichen Niere enthält ein Schlauch mit einer semipermeablen Membran, der in einer Waschlösung liegt, daß Blut des Patienten, so daß Stoffe in die Lösung diffundieren können.

Frage: Welche Stoffe durchdringen eine semipermeable Membran leicht?

a) Kolloide → S. 104

b) Kristalloide → S. 105

(von S. 100)

Ihre Antwort: Kreatinin.

Sie irren sich. Kreatinin ist *nicht* das Hauptabfallprodukt im frischen Urin. In der täglichen Urinmenge werden nur 1 bis 2 g Kreatinin gefunden. Ihre Antwort hätte lauten müssen: Harnstoff. Dieser Stoff macht die Hälfte der 60 g an gelösten Stoffen in der täglichen Urinmenge aus.

Bitte fahren Sie auf S. 102 mit dem Programm fort.

(von S. 102)

Ihre Antwort: Kolloide.

Sie irren sich. Kolloide wandern *nicht* leicht durch eine semipermeable Membran. Wenn sie eine solche Membran überhaupt durchdringen, geschieht dies langsam. Die Substanzen, die eine solche Membran schnell durchdringen, sind die Kristalloide.

Bitte fahren Sie auf S. 105 mit dem Programm fort.

(von S. 102)

Ihre Antwort: Kristalloide.

Richtig! Kristalloide durchdringen eine semipermeable Membran leicht. Andererseits durchdringen Kolloide eine solche Membran langsam, wenn überhaupt. Die künstliche Niere, wie sie in Abb. 17 gezeigt wird, arbeitet folgendermaßen: Das Blut des Patienten fließt durch lange Zellophanschläuche (die semipermeable Membran), die um eine sich drehende Trommel gewunden sind und in eine Waschlösung eintauchen. Während das Blut durch die Schläuche fließt, bleiben Blutzellen und Eiweiße (Kolloide) innerhalb der Schläuche, während Abfallprodukte (Kristalloide) in die Waschlösung diffundieren. Da die Waschlösung die gleiche Konzentration an Glucose und Elektrolyten wie das Blut enthält, diffundieren diese wichtigen Stoffe nicht vom Blut in die Waschlösung. Die Haemodialyse (Reinigung des Blutes durch eine künstliche Niere) wird angewandt, um das Leben der Patienten, die kein funktionstüchtiges Nierengewebe mehr haben, zu erhalten.

Frage: Warum diffundieren Glucose und Elektrolyte, die sich im Blut des Patienten befinden, während der Haemodialyse nicht in die Waschlösung?

a) Glucose und Elektrolyte diffundieren nicht leicht durch die bei der Haemodialyse verwendete semipermeable Membran, weil diese Stoffe Kolloide sind → S. 106

b) die Waschlösung und das Blut haben die gleiche Konzentration an Glucose und Elektrolyten, so daß die Diffusion dieser lebenswichtigen Substanzen vom Blut in die Waschlösung verhindert wird → S. 107

(von S. 105)

Ihre Antwort: Glucose und Elektrolyte diffundieren nicht leicht durch die bei der Haemodialyse verwendete semipermeable Membran, weil diese Stoffe Kolloide sind.

Sie irren sich. Glucose und Elektrolyte diffundieren nicht vom Blut in die Waschlösung, aber *nicht* weil sie Kolloide sind (sie sind es nicht), sondern weil die Waschlösung und das Blut die gleiche Konzentration an diesen lebenswichtigen Stoffen enthalten. Erinnern Sie sich: Die Diffusion ist die Ausbreitung von Teilchen, und sie endet, wenn in den Lösungen, die durch die semipermeable Membran getrennt sind, gleiche Konzentration an Teilchen besteht.

Bitte schlagen Sie S. 105 auf und wiederholen Sie den besprochenen Stoff.

(von S. 105)

Ihre Antwort: Die Waschlösung und das Blut haben die gleiche Konzentration an Glucose und Elektrolyten, so daß die Diffusion dieser lebenswichtigen Substanzen vom Blut in die Waschlösung verhindert wird.

Richtig! Da die Waschlösung die gleiche Konzentration an Glucose und wichtigen Elektrolyten wie das normale Blut enthält, diffundieren diese Substanzen nicht vom Blut in die Waschlösung.

Nieren und ableitende Harnwege – eine Wiederholung

Das Harnsystem besteht aus Organen und Strukturen, die der Herstellung und Ausscheidung von Urin aus dem Körper dienen. Diese Organe sind zwei Nieren, zwei Nierenbecken, zwei Harnleiter, eine Harnblase und eine Harnröhre.

Während 24 Stunden durchfließt die gesamte Blutmenge des Körpers die Nieren etwa 300 mal. Während der gleichen Zeit halten die Nieren etwa 170 l Flüssigkeit aus dem Blut zurück. Etwa 1 bis 2 Liter dieser Menge werden als definitiver Urin ausgeschieden – der Rest wird in den Tubuli der Nieren rückresorbiert und kehrt in das zirkulierende Blut zurück.

Die Nieren nehmen zwei lebenswichtige Funktionen wahr: a) Entfernung von Harnstoff, Harnsäure, Kreatinin und anderen Stoffwechselprodukten aus dem Blut und Ausscheidung als Urin; b) Aufrechterhaltung der normalen Zusammensetzung des Blutes durch Regulation von Wassermenge, Salzkonzentration und Säure-Basen-Gleichgewicht.

Anatomie der Niere

Die Nieren sind zwei bohnenförmige Organe, die unter dem Peritoneum der Hinterwand der Bauchhöhle auf der Höhe des letzten Brust- und der ersten drei Lendenwirbel anliegen. Bedingt durch den Druck der Leber steht die rechte Niere etwas tiefer als die linke. Außen sind die Nieren von einer glatten derben, fibrösen Kapsel überzogen. Ureter, Blutgefäße, Nerven und Lymphgefäße, die die Nieren versorgen, erreichen sie im Bereich einer Einbuchtung an der medialen Seite (diese Stelle wird Hilus genannt). Das Innere der Nieren zeigt zwei Regionen – eine äußere Rinde und ein inneres Mark. Das Mark ist in ungefähr 12 sogenannte Nierenpyramiden unterteilt. Die Spitzen der Pyramiden ragen in die Kelche des Nierenbeckens hinein und werden Nierenpapillen genannt. Zwischen die Pyramiden senkt sich die Nierenrinde in Form der Columnare renales ein.

Nephron

Die formale und funktionelle Einheit der Niere ist das Nephron. Über eine Million dieser Einheiten befinden sich in jeder Niere. Sie bestehen aus Glomerulus, *Bowman*scher Kapsel und Tubulus. Die Glomeruli sind Kapillarknäuel, die in die *Bowman*schen Kapseln eingestülpt sind. *Bowman*sche Kapsel und Glomerulus zusammen werden Nierenkörperchen genannt. Von jeder *Bowman*schen Kapsel geht ein Nierentubulus aus.

Harnbildung

Bei der Harnbildung durch die Nieren sind drei Vorgänge zu unterscheiden: Filtration, Rückresorption und Sekretion. Der erste Schritt der Urinbildung besteht in der Filtration von Wasser und gelösten Stoffen durch die Kapillaren, den Glomerulus, in die *Bowman*sche Kapsel. Flüssigkeit und gelöste Substanzen werden aus den Kapillaren ausgepreßt, weil ein Druckabfall zwischen diesen beiden Gebieten besteht. Das Filtrat, das die *Bowman*sche Kapsel erreicht, zeigt im wesentlichen die gleiche Zusammensetzung wie das Blutplasma (das gilt nicht für die Eiweißkörper, die sich normalerweise nicht im Filtrat befinden). Die tubuläre Rückresorption ist der zweite Schritt bei der Urinbildung. Bei diesem Vorgang wird fast das ganze Wasser durch die Zellen, die die Nierentubuli auskleiden, rückresorbiert. Die Rückresorption schließt einen aktiven Transportmechanismus ein – nicht nur passive Transportvorgänge wie Diffusion und Osmose. Im einzelnen dienen aktive Transportmechanismen der Rückresorption von Glucose, Aminosäuren und anderen Nährstoffen. Elektrolyte (Salze) andererseits werden durch beide Vorgänge, nämlich Diffusion und aktiven Transport, rückresorbiert. Die Wasserrückresorption folgt den Gesetzen der Osmose. Die ausgeschiedene Urinmenge wird durch Veränderung der Rückresorption in den Sammelrohren – durch den Gehalt an antidiuretischem Hormon im Blut – reguliert.

Die Filtrationsrate der Glomeruli ist normalerweise gleichbleibend (ungefähr 125 ml pro Minute).

Die Regulierung des Säure-Basen-Gleichgewichts wird auf dreierlei Art und Weise erreicht: Die Sekretion von Wasserstoff-Ionen und anderen Ionen durch die Tubuluszellen; die Bildung von Ammoniak; die Resorption von Hydrogencarbonat-Ionen. Diese Vorgänge laufen ab, um ein Absinken des pH-Wertes der Körperflüssigkeit zu verhindern (wodurch die Körperflüssigkeit sauer würde). Ein Absinken des pH unter 7,0 (sauer) oder ein Ansteigen des pH über 7,8 (alkalisch) könnte tödlich sein.

Die Harnleiter (Ureter)

Die Harnleiter sind zwei dünne Schläuche, etwa 30 cm lang, die sich vom Nierenbecken bis zur Blase erstrecken. Jedes Nierenbecken ist ein trichterförmig ausgeweiteter Hohlraum, der aus der Vereinigung der Nierenkelche entsteht. Die Harnleiter bestehen aus einer äußeren bindegewebigen, einer mittleren muskulären und einer inneren Schleimhautschicht. Die Muskulatur kontrahiert sich in regelmäßigem Abstand, wodurch peristaltische Wellen entstehen, die vom Nierenbecken zu der Harnblase verlaufen.

Harnblase (Vesica urinaria)

Hinter der Schamfuge liegt die Harnblase, ein hohles, muskuläres Organ. Sie nimmt den Urin, der durch die Harnleiter zugeleitet wird, auf und speichert ihn, bis er bei der Miktion entleert wird. Die Wand der Harnblase besteht aus verschiedenen Schichten: a) einer inneren Schleimhautschicht; b) der Submucosa; c) einer Muskelschicht, deren Fasern in drei verschiedenen Schichten verlaufen (einer äußeren, einer inneren längsgerichteten und einer mittleren zirkulären); d) einer bindegewebigen Schicht, der zur Bauchhöhle hin eine Serosa (das Peritoneum) aufsitzt.

Eine dreieckige Vertiefung – Trigonum vesicae genannt – befindet sich im Bereich der Hinter- und Unterwand der Harnblase. Die Harnleiter und die Harnröhre münden in dieses Gebiet.

Die Schleimhautauskleidung der Harnblase ist in Falten gelegt, wenn die Blase nicht gedehnt ist. Um den Harnröhrenbeginn verdicken sich zirkuläre Muskelfasern der Harnblase und bilden den Sphincter internus.

Harnröhre (Urethra)

Die Harnröhre ist ein membranöser Schlauch, der von der Harnblase bis zu der äußeren Harnröhrenöffnung reicht. Sie ist bei der Frau 3–5 cm lang. Die Wand der weiblichen Harnröhre ist aus drei Schichten zusammengesetzt – einer inneren Schleimhautschicht, einer mittleren schwammartigen Schicht (sie enthält Venengeflechte) und einer äußeren Muskelschicht. Die männliche Harnröhre ist wesentlich länger als die weibliche (sie ist etwa 20 cm lang) und besteht aus drei verschiedenen Teilen: der Pars prostatica, der Pars membranacea und der Pars cavernosa (die sich über die Länge des Penis erstreckt). Im Gegensatz zur weiblichen besteht die männliche Harnröhre aus zwei Schichten – einer inneren Mucosa (Schleimhaut) und einer äußeren bindegewebigen Umhüllung. Die Ductus ejaculatorii münden in die Pars prostatica der Harnröhre. So stellt die männliche Harnröhre sowohl den Ausführungsgang für die Samenflüssigkeit als auch für den Urin dar.

Miktion

Wenn die Urinmenge der Harnblase 300 bis 400 ml erreicht, werden die Rezeptoren in der Harnblasenwand erregt. Sie schicken dann sensible Impulse zum Rückenmark. Die parasympathischen Nerven, die die Harnblase versorgen, bedingen die Kontraktion der Harnblasenmuskulatur zur gleichen Zeit, in der der Sphincter internus erschlafft, so daß die Harnröhre für das Durchfließen des Urins geöffnet wird. Wenn kein Harn gelassen werden soll, kann der Sphincter externus willkürlich geschlossen werden.

Urin

Urin ist eine verdünnte wäßrige Lösung, die frisch eine hellgelbe klare Farbe hat. Wenn er länger steht, wird er trüb und entwickelt Ammoniakgeruch (dies ist durch die Umwandlung von Harnstoff in Ammoniak bedingt). Der pH-Wert des Urins schwankt von etwa 4,5–8 (vom sauren bis zum alkalischen), die Dichte (spez. Gewicht) reicht von 1,003 bis 1,030. Die physikalischen Eigenschaften des Urins (Farbe, pH, Menge und spezifisches Gewicht) sind oft bei der Diagnostik von Erkrankungen wertvoll.

Dialyse

Haemodialyse (Reinigung des Blutes durch eine künstliche Niere) basiert auf der Tatsache, daß Kristalloide und Kolloide in Lösungen verschieden schnell durch eine semipermeable Membran diffundieren.

Kristalloide passieren eine solche Membran leicht; Kolloide durchdringen sie, wenn überhaupt, langsam. Bei der Haemodialyse fließt das Patientenblut durch einen langen engen Zellophanschlauch, der um eine Trommel gewickelt ist, die sich in der Waschlösung dreht. Während das Blut durch die Zellophanschläuche läuft, diffundieren Abfallprodukte und Gifte, die sich im Blut befinden, in die Waschlösung. Da die Waschlösung die gleiche Konzentration an Glucose und Elektrolyten (Salzen) wie das normale Blut enthält, diffundieren diese lebenswichtigen Stoffe nicht vom Blut in die Waschlösung. Durch die Haemodialyse können Patienten ohne funktionstüchtiges Nierengewebe über längere Zeit am Leben erhalten werden.

Begriffserläuterungen

Antidiuretisches Hormon

Hormon, das von der Neurohypophyse gebildet wird und bestimmt, wieviel Wasser aus dem Primärharn in das Blut zurückgenommen wird.

Aktiver Transport

Vorgang, bei dem Stoffe wie Natrium gegen ein Konzentrationsgefälle oder eine elektrische Potentialdifferenz durch eine Membran transportiert werden, wobei Energie verbraucht wird.

Base

Eine Substanz, die Wasserstoff-Ionen von einer Säure aufnimmt.

Bowmansche Kapsel

Die *Bowman*sche Kapsel umschließt becherähnlich einen Hohlraum, in den ein Kapillarknäuel (Glomerulus) eingestülpt ist. Sie und der Glomerulus bilden zusammen das Nierenkörperchen.

Dialyse

Vorgang, bei dem sich Kristalloide und Kolloide in einer Lösung aufgrund ihrer unterschiedlichen Diffusionsgeschwindigkeit durch eine semipermeable Membran trennen. Die Kristalloide durchdringen eine solche Membran leicht, die Kolloide durchdringen sie, wenn überhaupt, langsam.

Diffusion

Die selbständige Vermischung der Moleküle von Flüssigkeiten oder Gasen.

Elektrolyte

Alle Substanzen, die in Lösung in Ionen dissoziieren und dadurch elektrische Leitfähigkeit bewirken.

Gelöste Substanz

Ein Stoff, der sich in Lösungen befindet.

Glomeruläre Filtration

Der erste Schritt bei der Urinbildung; die glomeruläre Filtration findet in den Nierenkörperchen statt, wo Wasser und gelöste Substanzen aus dem Kapillarknäuel (Glomerulus) über die semipermeable Membran der Kapillarwände der Basalmembran und der Wand der *Bowman*schen Kapsel abgefiltert werden.

Glomerulus

Kapillarknäuel, das in die *Bowman*sche Kapsel eingestülpt ist.

Harn

siehe Urin

Harnblase

Dehnbares Hohlorgan, das hinter der Schamfuge liegt. Sie dient als Behälter für den von den Nieren ausgeschiedenen Urin.

Harnleiter

Dünne, etwa 30 cm lange Schläuche, die Urin vom Nierenbecken in die Harnblase leiten.

Harnröhre

Beim Mann 20 cm, bei der Frau 5 cm langer, dünner Schlauch, der den Urin von der Harnblase nach außen ableitet.

Harnsäure

Weiße, geruchlose, kristalline Substanz im Urin; Harnsäure ist leicht in Wasser löslich.

Harnstoff

Löslicher, kristalliner Stoff im Urin; stickstoffhaltiges Endprodukt des Eiweißstoffwechsels.

Henlesche Schleife

Haarnadelförmige Schleife des Tubulus, die im Nierenmark liegt.

Hilus

Einbuchtung an der medialen Seite der Niere, durch welche Nierenarterie, Venen,

Lymphgefäße und Nerven die Niere erreichen bzw. verlassen.

Hydrostatischer Druck

Kraft, durch die Flüssigkeiten und gelöste Substanzen durch eine semipermeable Membran gedrückt werden; je größer das Gewicht der Flüssigkeit ist, die auf jede Einheit der Oberfläche einer solchen Membran drückt, umso größer ist der hydrostatische Druck.

Ion

Ein elektrisch geladenes Atom oder eine elektrisch geladene Atomgruppe, deren elektrische Ladung entsteht, wenn ein neutrales Atom oder eine neutrale Atomgruppe ein Elektron erhält oder abgibt; der Verlust der Elektronen ergibt positiv geladene Ionen (Kationen); der Gewinn von Elektronen ergibt negativ geladene Ionen (Anionen).

Kelche

Kelchförmige Ausstülpungen des Nierenbeckens; die Nierenpapillen (die Spitzen der Nierenpyramiden) ragen in die Kelche hinein und entleeren den Urin in die Kelche.

Nephron

Mikroskopisch kleine Gebilde; jede Niere hat ungefähr 1 Mill. Nephrone. Die Nephrone, die funktionellen Einheiten der Niere, bestehen aus einem Nierenkörperchen und einem Tubulussystem. Das Tubulussystem besteht aus geknäuelten und gerade verlaufenden Anteilen.

Neurohypophyse

Der hintere Lappen der Hypophyse; die Neurohypophyse sezerniert ADH (antidiuretisches Hormon).

Nieren

Zwei bohnenförmige Organe, die hinter dem Peritoneum parietale liegen; die Aufgabe der Nieren ist es, Abfallprodukte des Stoffwechsels aus dem Blut zu entfernen, wodurch sie eine zentrale Rolle in der Aufrechterhaltung der Homöostase spielen.

Nierenbecken (Pelvis renalis)

Sackähnlicher Hohlraum, der sich im Bereich des Sinus renalis befindet; er ist die Sammelstelle der Niere und stellt einen erweiterten Teil des Harnleiters dar.

Nierenkörperchen

Ein Teil des Nephrons; das Nierenkörperchen besteht aus dem Glomerulus und der *Bowman*schen Kapsel.

Nierenmark (Medulla renis)

Die innere, dunklere Schicht der Niere; das Mark unterteilt sich in eine Anzahl sogenannter Nierenpyramiden.

Nierenpapille (Papilla renalis)

Spitzen der Nierenpyramiden, die in die Ausbuchtungen des Nierenbeckens, die Kelche genannt werden, hineinragen; die Nierenpapillen entleeren Urin in die Kelche.

Nierenrinde

Die äußere, hellere Schicht der Niere; die Rinde senkt sich zwischen zwei nebeneinanderliegende Pyramiden des Marks und bildet so die Columnae renales.

Nieren und ableitende Harnwege (Harnsystem)

Ein System des Körpers, das aus Nieren, Harnleiter, Harnblase und Harnröhre besteht; es dient hauptsächlich der Bildung und Ausscheidung von Urin und der Aufrechterhaltung der Homöostase.

Osmose

Das Bestreben einer Flüssigkeit, durch eine semipermeable Membran – wie z. B. eine

Wand lebender Zellen – in eine Lösung höherer Konzentration zu wandern, um so die Konzentration auf beiden Seiten der Membran auszugleichen.

Passiver Transport

Vorgang, bei dem Stoffe durch eine Membran durch einfache physikalische Diffusion transportiert werden, ohne daß Energie benötigt wird.

Ptose

Zustand, der bei manchen sehr schlanken Individuen beobachtet wird, bei denen eine oder beide Nieren aus ihrer normalen Lage absinken, bedingt durch das Fehlen eines kräftigen Fettkissens, welches normalerweise die Nieren in ihrer Lage hält.

Säure

Eine Substanz, dic Wasserstoff-Ionen abgeben kann.

Tubulus

Enges Rohr, in dem die Rückresorptions- und Sekretionsprozesse ablaufen. Er besteht aus einem proximalen Tubulus, einem distalen Tubulus und aus der *Henle*schen Schleife. Proximaler und distaler Tubulus haben geknäuelte und gerade verlaufende Rohranteile.

Urin

Zusammengesetzte wäßrige Lösung von organischen und anorganischen Stoffen, die in den Nieren gebildet wird; der Urin besteht zu 90% aus Wasser, die restlichen 10% bestehen aus Salzen, Giften, Farbstoffen, Hormonen und Abfallprodukten des Stoffwechsels.

Abschlußtest

Bevor Sie sich neuem Stoff zuwenden, sollten Sie sich der Mühe unterziehen, diesen Abschlußtest zu bearbeiten. An dem von Ihnen erzielten Ergebnis können Sie beurteilen, wieviel Sie über die Anatomie und Physiologie der Nieren und der ableitenden Harnwege gelernt haben. Der Vergleich mit dem Ergebnis des Eingangstests zeigt Ihnen, wie wirksam Ihre Arbeit war. Die richtigen Antworten zum Test finden Sie am Ende des Heftes. Wenn Sie leere Einlegeblätter für Ihre Antworten benützen, können Sie Ihren Lernerfolg am besten prüfen.

1. Die . . . . Niere liegt etwas tiefer als die der anderen Körperseite.

2. Die Nierenarterie, die Nierenvene, Lymphgefäße und Nerven erreichen und verlassen die Niere am . . . .

3. Auf einem Schnitt durch die Niere können 2 verschiedene Gebiete unterschieden werden: eine innere, dunkle Schicht, die . . . . genannt wird, und eine äußere, helle, die man . . . . nennt.

4. Das Harnsystem besteht aus . . . ., ..., ... und . . . .

5. Der in den Nieren produzierte Urin wird von den . . . . zu der Harnblase befördert, wo er gesammelt wird, bis er durch die . . . . entleert wird.

6. Eine . . . . sitzt dem oberen Pol jeder Niere auf.

7. Ein Wert von . . . . zeigt eine alkalische Lösung an.

8. Ein Wert von . . . . zeigt eine saure Lösung an.

9. Auf drei Wegen versucht der Körper das physiologische Säure-Basen-Gleichgewicht des Blutes zu erhalten: . . . ., ... und . . . .

10. Durch die Wasserstoff-Ionen-Sekretion der Tubuluszellen wird das Blut . . . . und der Urin . . . .

11. Die Bezeichnung Säure-Basen-Gleichgewicht bezieht sich auf die Aufrechterhaltung einer normalen Konzentration von .... in den Körperflüssigkeiten.

12. Das Symbol .... zeigt an, wie sauer oder alkalisch eine Lösung ist.

13. Ein Wert von .... auf der Skala der sauren und alkalischen Lösungen zeigt Neutralität an.

14. Das .... besteht aus mehreren Nierenpyramiden.

15. Die Öffnungen der Sammelrohre entleeren den Urin in die ....

16. Jedes Nephron besteht aus einem Nieren-............. und einem .... -System.

17. Der hydrostatische Druck im Glomerulus und damit die Filtrationsrate werden von der Weite der zuführenden und abführenden ....; dem allgemeinen .... und der ....-Konzentration des Blutes reguliert.

18. Stoffe wie Globuline und Fibrinogen können normalerweise nicht in die *Bowman*sche Kapsel gelangen. Dies ist bedingt durch ....

19. .... Transport findet bei der Rückresorption von Substanzen wie Glucose und Natrium-Ionen durch die Tubuli statt.

20. .... Transport findet bei der Rückresorption von Wasser durch die Tubuli statt.

21. Um das physiologische Säure-Basen-Gleichgewicht aufrechtzuerhalten, sezernieren die Zellen der distalen Nierentubuli große Mengen von ....-Ionen.

22. Der Vorgang der Urinbildung schließt drei verschiedene Funktionen ein, nämlich ...., ... und ....

23. Der erste Schritt der Urinbildung findet in den . . . . statt.

24. Der hydrostatische Druck stellt eine Kraft dar, die sowohl . . . . als auch . . . . durch eine semipermeable Membran pressen kann.

25. Die Filtrationsrate im Glomerulus hängt direkt ab von der Höhe des . . . . -druckes, der seinerseits durch die Weite der Nierenarteriolen, den allgemeinen Blutdruck und die Eiweißkonzentration im Blut reguliert wird.

26. Was wird als funktionelle Einheit der Niere bezeichnet?

a) Glomerulus
b) Nierentubulus
c) *Henle*sche Schleife
d) Nephron

27. Welches Gefäß führt das Blut vom Nierenkörperchen weg?

a) Vas afferens
b) Vas efferens
c) Venula afferens
d) Venula efferens

28. In welchem Bereich der Niere liegen die Nierenpyramiden?

a) Nierenrinde
b) Nierenmark
c) konvexer seitlicher Nierenrand
d) konkave mediale Nierenoberfläche

29. In welchen der folgenden Bereiche entleeren die Sammelrohre den Urin?

a) Hilus
b) Kelche
c) Harnblase
d) in keinen der genannten Bereiche

30. Wie oft fließt die gesamte Blutmenge des Körpers in 24 Stunden durch die Nieren?

a) etwa 25 mal
b) etwa 50 mal
c) etwa 75 mal
d) etwa 300 mal

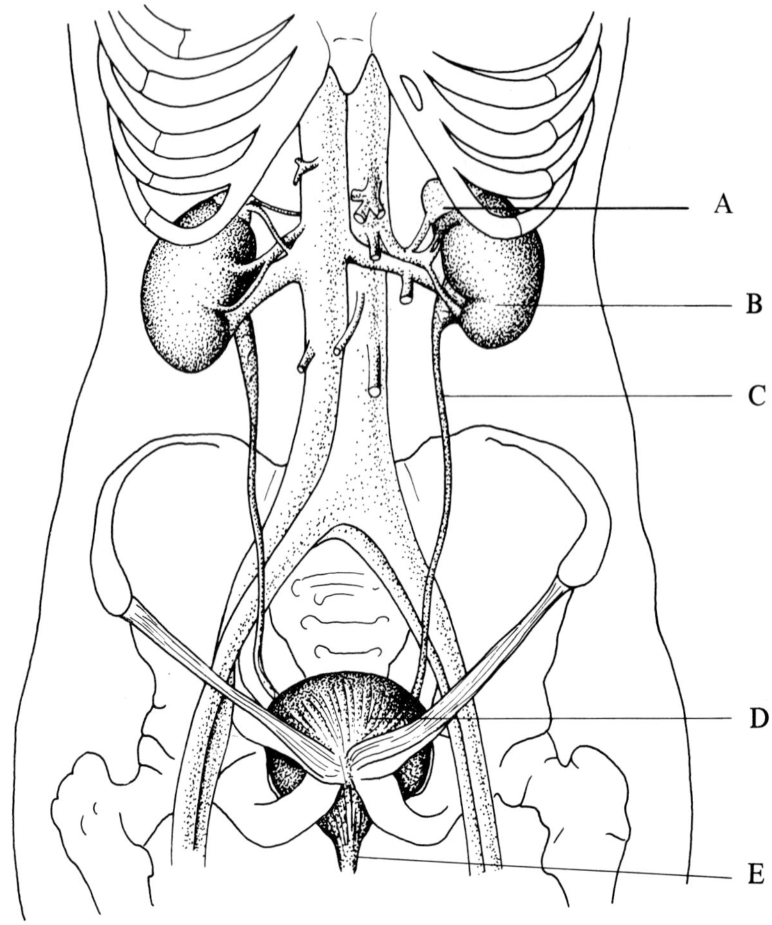

31. Welches Gebilde ist in der Zeichnung der Nieren und ableitenden Harnwege mit A bezeichnet? . . . .

32. Welches Gebilde ist in der Zeichnung der Nieren und ableitenden Harnwege mit B bezeichnet? . . . .

33. Welches Gebilde ist in der Zeichnung der Nieren und ableitenden Harnwege mit C bezeichnet? . . . .

34. Welches Gebilde ist in der Zeichnung der Nieren und ableitenden Harnwege mit D bezeichnet? . . . .

35. Welches Gebilde ist in der Zeichnung der Nieren und ableitenden Harnwege mit E bezeichnet? . . . .

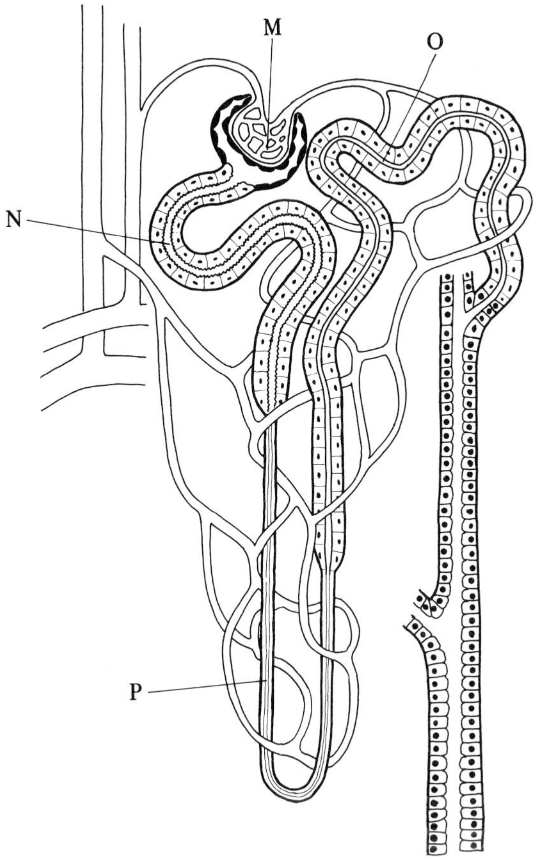

36. Nennen Sie das Gebilde bei Punkt M der Zeichnung, die ein vergrößertes Nephron zeigt.

. . . .

37. Nennen Sie das Gebilde bei Punkt N der Zeichnung, die ein vergrößertes Nephron zeigt.

. . . .

38. Nennen Sie das Gebilde bei Punkt O der Zeichnung, die ein vergrößertes Nephron zeigt.

. . . .

39. Nennen Sie das Gebilde bei Punkt P der Zeichnung, die ein vergrößertes Nephron zeigt.

. . . .

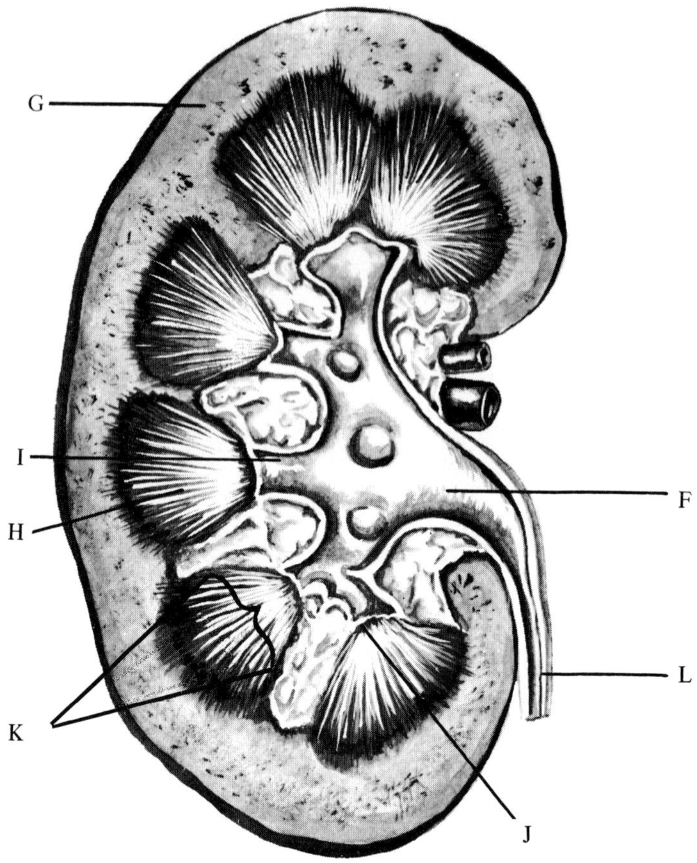

40. Welche Struktur ist in der Zeichnung eines Längsschnittes durch eine Niere mit F bezeichnet? ....

41. Welche Struktur ist in der Zeichnung eines Längsschnittes durch eine Niere mit G bezeichnet? ....

42. Welche Struktur ist in der Zeichnung eines Längsschnittes durch eine Niere mit H bezeichnet? ....

43. Welche Struktur ist in der Zeichnung eines Längsschnittes durch eine Niere mit I bezeichnet? ....

44. Welche Struktur ist in der Zeichnung eines Längsschnittes durch eine Niere mit J bezeichnet? ....

45. Welche Struktur ist in der Zeichnung eines Längsschnittes durch eine Niere mit K bezeichnet? ....

46. Welche Struktur ist in der Zeichnung eines Längsschnittes durch eine Niere mit L bezeichnet? ....

47. Welche der folgenden Funktionen gehört nicht zur Urinbildung?

a) glomeruläre Filtration

b) tubuläre Rückresorption

c) tubuläre Sekretion

d) Adrenalin-Sekretion

48. Wieviel Urin wird von den gesunden Nieren eines Erwachsenen in 24 Stunden produziert?

a) 1 Liter oder weniger

b) 1–2 Liter

c) 2–3 Liter

d) 3–4 Liter

49. Welche Kraft ist bestrebt, während der glomerulären Filtration Flüssigkeit im Glomerulus zurückzuhalten?

a) Druck im Glomerulus

b) Druck in der *Bowman*schen Kapsel

c) kolloidosmotischer Druck

d) Druck in der *Bowman*schen Kapsel und kolloidosmotischer Druck

50. Welcher der folgenden Faktoren verhindert, daß bei der glomerulären Filtration Eiweißkörper des Blutes in den *Bowman*schen Kapselraum übertreten?

a) die Undurchdringlichkeit der Glomerulusmembran für diese Moleküle

b) der kolloidosmotische Druck

c) der passive Charakter dieses Transportmechanismus

d) keiner der genannten Faktoren

51. In welchen Teil der Harnröhre münden die Ductus ejaculatorii?

a) Pars prostatica

b) Pars membranacea

c) Pars cavernosa

d) die Ductus ejaculatorii münden nicht in die Harnröhre

52. Welche der folgenden Substanzen stellt im frisch gelassenen Urin das wichtigste Ausscheidungsprodukt dar?

a) Harnstoff

b) Kreatinin

c) Albumin

d) Natriumchlorid

53. Welcher der folgenden Faktoren stellt die Hauptfunktion des Harnsystems dar?

a) Unterstützung des Stoffwechsels

b) Aufrechterhaltung des Gleichgewichts der Körperfunktionen (Homöostase)

c) Fortpflanzung

d) Aufrechterhaltung des hormonellen Gleichgewichtes

54. Welche der folgenden Strukturen stellt eine Ausweitung des Harnleiters dar, in die die Nierenkelche münden?

a) Nierenhilus

b) Nierenbecken

c) Nierenmark

d) keine der genannten

55. Das Blut kommt erstmalig mit dem Nephron in Kontakt über:

a) Glomerulus

b) Nierenpyramiden

c) Nierenpapillen

d) Nierenkelche

56. Wohin fließt der Urin vom Nierenbecken aus?

a) zum Glomerulus

b) in die Kelche

c) in die *Henle*sche Schleife

d) über die Harnleiter zur Harnblase

57. Etwa wieviel Prozent des glomerulären Filtrates (Primärharn), das in den Nierenkörperchen gebildet wird, verläßt als Urin die Sammelrohre?

a) weniger als 1%

b) 5–10%

c) 10–20%

d) 20% oder mehr

58. Welche in den Zellen des Tubulus gebildete Substanz hilft, da physiologische Säure-Basen-Gleichgewicht aufrechtzuerhalten?

a) Hydrogencarbonat-Ionen

b) Kreatinin

c) Wasserstoff-Ionen

d) Kalium

59. Was bedeutet es, wenn der pH-Wert einer Körperflüssigkeit 7 ist?

a) die Flüssigkeit ist sauer

b) die Flüssigkeit ist alkalisch

c) die Flüssigkeit ist basisch

d) die Flüssigkeit ist neutral

60. Durch welche Kraft wird der Urin in erster Linie von dem Nierenbecken zur Harnblase bewegt?

a) durch Gravitationskraft

b) durch die peristaltische Bewegung der glatten Muskulatur der Harnleiterwand

c) durch die Kontraktion des Nierenkörpers

d) durch Sog, der seinen Ursprung in der Harnblase hat

61. Wieviel Urin kann die normale Harnblase eines Erwachsenen fassen?

a) 500 ml

b) 1000 ml

c) 2000 ml

d) 3000 ml

62. Wie wirkt sich die Sekretion von Wasserstoff-Ionen durch die Tubuluszellen auf das Blut aus?

a) der pH-Wert des Blutes steigt

b) der pH-Wert des Blutes fällt ab

c) die zirkulierende Blutmenge wird drastisch vermindert

d) keiner der genannten Punkte trifft zu

63. Welche der folgenden Funktionen wird von den Tubuluszellen vollbracht?

a) der aktive Transport von Wasser zu den peritubulären Kapillaren

b) die Sekretion von Wasserstoff-Ionen und stickstoffhaltigen Nebenprodukten des Stoffwechsels in den Tubulus

c) der passive Transport von Wasser zu den peritubulären Kapillaren

d) keiner der genannten Punkte trifft zu

64. Welches Hormon der Neurohypophyse beeinflußt die Wasserrückresorption in den distalen Tubuli und in den Sammelrohren?

a) ACTH

b) DNS

c) RNS

d) ADH

Ordnen Sie die Bezeichnungen in der linken Spalte der passenden Definition oder Beschreibung aus der rechten Spalte zu.

65. .... Säure

66. .... Antidiuretisches Hormon

67. .... Base

68. .... Kelche

69. .... Dialyse

70. .... Glomerulus

71. .... Ion

72. .... Hilus

73. .... Nephron

74. .... Osmose

75. .... Ptose

a) taschenartige Ausstülpungen des Nierenbeckens

b) in der *Bowman*schen Kapsel liegendes Kapillarknäuel

c) Substanz, die Wasserstoff-Ionen abgibt

d) Vorgang, bei dem gelöste Kristalloide aufgrund ihrer verschiedenen Diffusionsgeschwindigkeit durch eine semipermeable Membran getrennt werden

e) Zustand, bei dem eine oder beide Nieren aus ihrer Position im Körper tiefer sinken.

f) mikroskopisch kleine Struktur die die funktionelle Einheit der Niere darstellt

g) elektrisch geladenes Atom oder Atomgruppe

h) Verbindung, die Wasserstoff-Ionen aufnimmt

i) von der Neurohypophyse sezerniertes Hormon, das bestimmt, wieviel Wasser aus dem Primärharn in das Blut zurückgenommen wird

j) Bestreben einer Flüssigkeit, durch eine semipermeable Membran in eine Lösung höherer Konzentration zu dringen, um so die Konzentration auf beiden Seiten der Membran auszugleichen

k) dünner Schlauch, der den Urin vom Nierenhilus zur Harnblase leitet

l) Einbuchtung an der medialen Seite der Niere

m) sackähnlicher Hohlraum im Bereich des Nierenhilus

76. Welche ungefähre Urinmenge wird innerhalb von 24 Std. von beiden gesunden Nieren zusammen produziert?

a) 500 ml
b) 1000 ml
c) 1500 ml
d) 2000 ml

77. Was ist der Hauptbestandteil des Urins?

a) Abfallprodukte
b) Wasser
c) gelöste Substanzen
d) Kolloide

78. Die Zellen der Nierentubuli sezernieren bestimmte Substanzen wie Medikamente, Farbstoffe und Gifte in die Tubulusflüssigkeit, damit sie mit dem Urin ausgeschieden werden.

richtig □ falsch □

79. Glucose passiert den glomerulären Filter und erreicht die Tubuli über den *Bowman*schen Kapselraum.

richtig □ falsch □

80. Die linke Niere liegt normalerweise tiefer als die rechte.

richtig □ falsch □

81. Der Hilus ist der Sammelteil der Niere.

richtig □ falsch □

82. Das Nierenbecken kann als der obere ausgeweitete Teil des Harnleiters angesehen werden.

richtig □ falsch □

83. Die *Bowman*sche Kapsel und der gewundene Anteil des Tubulus liegen im Nierenmark und geben ihm fein granuliertes Aussehen.

richtig □ falsch □

84. Ein Nierenkörperchen besteht aus Glomerulus und *Bowman*scher Kapsel.

richtig □ falsch □

85. Der Glomerulus wird im allgemeinen als die funktionelle Einheit der Niere angesehen.

richtig □ falsch □

86. Ein Nephron ist ein Kapillarknäuel, das in der becherartigen Vertiefung der *Bowman*schen Kapsel liegt.

richtig □ falsch □

87. Die Nierenpyramiden liegen in der Nierenrinde.

richtig □ falsch □

88. Die Spitzen der Nierenpyramiden entleeren durch die Öffnungen der Sammelrohre Urin in die Kelche des Nierenbeckens.

richtig □ falsch □

89. Jede Niere enthält etwa 1 Million Nephrone.

richtig □ falsch □

90. Die Nierenarterie tritt am Hilus in die Niere ein.

richtig □ falsch □

91. Flüssigkeit dringt aus dem gleichen Grund vom Glomerulus in den *Bowman*schen Kapselraum, aus dem sie aus gewöhnlichen Kapillaren in den interstitiellen Raum eintritt.

richtig □ falsch □

92. Der kolloidosmotische Druck ist größer, wenn das die Glomeruli erreichende Plasma eine große Zahl Eiweißmoleküle enthält.

richtig □ falsch □

93. Normalerweise beträgt der effektive Filtrationsdruck (oder der Druckgradient zwischen Glomeruluskapillaren und Kapselraum) etwa 20–27 mbar (ca. 15–20 mmHg).

richtig ☐ falsch ☐

94. Die glomeruläre Filtration ist der physikalische Vorgang, bei dem Wasser und gelöste Substanzen durch die semipermeable Membran, die die Wand der *Henle*schen Schleife bildet, dringen.

richtig ☐ falsch ☐

95. Die normale Glomerulusmembran ist unddurchdringlich für Globuline, Fibrinogen und verwandte Eiweißkörper des Blutes.

richtig ☐ falsch ☐

96. Als Albuminurie wird ein Zustand bezeichnet, bei dem bestimmte Eiweißmoleküle die Glomerulusmembran durchdringen können.

richtig ☐ falsch ☐

97. Die Tubuluszellen sezernieren Hydrogencarbonat-Ionen, um so bei der Aufrechterhaltung des Säure-Basen-Gleichgewichts des Körpers zu helfen.

richtig ☐ falsch ☐

98. Die letztliche Auswirkung der Ammoniak-Sekretion (durch die distalen Tubuluszellen) auf den pH-Wert ist die gleiche wie die der Wasserstoff-Ionen-Sekretion.

richtig ☐ falsch ☐

99. Nachdem sie durch die Tubuluszellen sezerniert sind, ersetzen Wasserstoff- und Ammonium-Ionen Natrium- oder andere basische Ionen in den Salzen des glomerulären Filtrates.

richtig ☐ falsch ☐

100. Die meisten Elektrolyte, Glucose, Aminosäuren und Eiweiße werden aus dem glomerulären Filtrat (Primärharn) durch passive tubuläre Rückresorption (Diffusion) in das Blut zurückgenommen.

richtig ☐ falsch ☐

Antworten zum Eingangstest

	richtige Antwort	Textbezug (S.)	Frage Nr.	richtige Antwort	Textbezug (S.)
1	b)	1	26	Nieren, Harnleitern, Harnblase, Harnröhre	1
2	b)	11			
3	b)	11	27	Harnleitern, Harnröhre	1
4	b)	14	28	Nebenniere	4
5	d)	16	29	rechte	4
6	b)	21	30	Hilus	6
7	b)	24	31	Mark, Rinde	11
8	d)	27	32	Nierenmark	11
9	a)	28	33	Nierenkelche	11
10	a)	43	34	-körperchen, Tubulus-	16
11	c)	53	35	glomeruläre Filtration, tubuläre Rückresorption, tubul. Sekretion	27
12	d)	55			
13	a)	59	36	Nierenkörperchen	27
14	b)	59	37	Flüssigkeiten, gelöste Substanzen	27
15	d)	72	38	effektiven Filtrations-	37
16	c)	72	39	Arteriolen, Eiweiß-	37
17	b)	73	40	die Undurchdringlichkeit der Glomerulusmembran für diese Moleküle	41
18	b)	79			
19	b)	87	41	aktiver	44
20	a)	91	42	passiver	44
21	a)	100	43	Wasserstoff	53
22	a)	68	44	Wasserstoff-Ionen	53
23	d)	77	45	pH	55
24	d)	24	46	pH = 7	55
25	d)	27	47	pH größer als 7	55

Frage Nr.	richtige Antwort	Text-bezug (S.)	Frage Nr.	richtige Antwort	Text-bezug (S.)
48	pH kleiner als 7	55	74	falsch	16
49	Pufferung, Atmung, Ausscheidung durch die Niere	59	75	falsch	16
			76	falsch	16
50	alkalisch, sauer	59	77	richtig	6
51	Nebenniere	7	78	richtig	41
52	Niere	2	79	richtig	28
53	Harnleiter (Ureter)	2	80	richtig	36
54	Harnblase	2	81	falsch	41
55	Harnröhre (Urethra)	2	82	richtig	41
56	Nierenbecken (Pelvis renalis)	10	83	richtig	43
57	Rinde	10	84	falsch	47
58	Mark	10	85	richtig	50
59	Nierenkelch	10	86	richtig	50
60	Spitze der Pyramide (Papille)	10	87	falsch	53
61	Pyramide	10	88	richtig	60
62	Ureter	10	89	richtig	60
63	Glomerulus	15	90	c)	115
64	proximaler Tubulus contortus	15	91	i)	72
65	distaler Tubulus contortus	15	92	h)	113
66	*Henle*sche Schleife	15	93	a)	11
67	falsch	4	94	d)	102
68	falsch	6	95	b)	21
69	richtig	6	96	g)	114
70	falsch	11	97	l)	6
71	richtig	11	98	f)	68
72	richtig	16	99	j)	114
73	richtig	16	100	e)	114

Antworten zum Abschlußtest

Frage Nr.	richtige Antwort	Textbezug (S.)
1	rechte	4
2	Hilus	6
3	Mark, Rinde	11
4	Nieren, Harnleitern, Harnblase, Harnröhre	1
5	Harnleitern, Harnröhre	1
6	Nebenniere	4
7	pH größer als 7	55
8	pH kleiner als 7	55
9	Pufferung, Atmung, Ausscheidung durch die Niere	59
10	alkalisch, sauer	59
11	Wasserstoff-Ionen	53
12	pH	55
13	pH = 7	55
14	Nierenmark	11
15	Nierenkelche	11
16	-körperchen, Tubulus-	16
17	Arteriolen, Eiweiß-	37
18	die Undurchdringlichkeit der Glomerulusmembran für solche Moleküle	41
19	aktiver	44
20	passiver	44
21	Wasserstoff	53
22	glomeruläre Filtration, tubuläre Rückresorption, tubuläre Sekretion	27
23	Nierenkörperchen	27
24	Flüssigkeiten, gelöste Substanzen	27
25	effektiven Filtrations-	37
26	d)	16
27	b)	21
28	b)	11
29	b)	14
30	d)	24
31	Nebenniere	7
32	Niere	2
33	Harnleiter (Ureter)	2
34	Harnblase	2
35	Harnröhre (Urethra)	2
36	Glomerulus	15
37	proximaler Tubulus contortus	15
38	distaler Tubulus	15
39	*Henle*sche Schleife	15
40	Nierenbecken (Pelvis renalis)	10
41	Rinde	10
42	Mark	10
43	Nierenkelch	10
44	Nierenpapille	10
45	Pyramide	10
46	Ureter	10
47	d)	27

Frage Nr.	richtige Antwort	Text-bezug (S.)	Frage Nr.	richtige Antwort	Text-bezug (S.)
48	b)	24	75	e)	114
49	d)	27	76	c)	72
50	a)	28	77	b)	73
51	a)	91	78	richtig	50
52	a)	100	79	richtig	50
53	b)	1	80	falsch	4
54	b)	11	81	falsch	6
55	a)	68	82	richtig	6
56	d)	77	83	falsch	16
57	a)	43	84	richtig	16
58	c)	53	85	falsch	16
59	d)	55	86	falsch	16
60	b)	79	87	falsch	11
61	b)	87	88	richtig	11
62	a)	59	89	richtig	16
63	b)	59	90	richtig	6
64	d)	72	91	richtig	41
65	c)	115	92	richtig	28
66	i)		93	richtig	35
67	h)	113	94	falsch	41
68	a)	11	95	richtig	41
69	d)	102	96	richtig	43
70	b)	21	97	falsch	53
71	g)	114	98	richtig	60
72	l)	6	99	richtig	60
73	f)	68	100	falsch	47
74	j)	114			